TAIYANGNENG RESHUIQI

太阳能热水器
使用与维修

鲁植雄 主编

U0256434

中国农业出版社

内容提要

　　本书全面系统地介绍了太阳能热水器使用与维修的基本技能和操作要点。全书共分六章，分别介绍了太阳能的基本知识，太阳能热水器的结构、工作原理与类型，太阳能热水器的选购，太阳能热水器的安装，太阳能热水器的使用，太阳能热水器的维护保养、常见故障的诊断与排除等内容。

　　本书适合广大太阳能热水器的用户和维修人员阅读；也可作为职业院校、培训中心等的技能培训教材。

主　　编　鲁植雄

副主编　金　月　钟文军

参　　编　李晓勤　许爱谨　姜春霞　吴俊淦

　　　　　周伟伟　梅士坤　徐　浩　李文明

　　　　　金文忻　白学峰　常江雪　郭　兵

　　　　　刁秀永　周　晶　王亚馗　田丰年

　　　　　王心怡　吴鲁宁

前　言

　　中国太阳能热水器产业的发展始于 20 世纪 80 年代，当时的市场定位是农村或中小城镇的低收入家庭，其主导产品以技术简单、造价低廉的闷晒式太阳能热水器为主。进入 90 年代，随着技术进步和企业规模的扩大，技术和企业都逐步成熟，太阳能热水器逐步形成了真空管、平板和闷晒三种技术系列，实现了产品的系列化和规模化生产，这一时期的真空管式太阳能热水器和平板式太阳能热水器主要定位于中小城市的中高收入居民。90 年代后期，住宅商品化的发展以及家庭对热水需求的大幅度增长，为太阳能热水器的发展提供了市场空间，太阳能热水器的生产规模进一步扩大，形成了一些有一定知名度的产品和品牌。2002 年以来，为了满足高端用户的需求和城市景观的要求，太阳能热水器产品的升级换代和与建筑结合成为新的热点和发展方向，一些大型企业与房地产开发商一起建设完成了一批太阳能热水器与建筑结合项目，太阳能热水器与房地产项目同步设计、同步施工、同步验收的理念逐步被建筑行业所接受。

　　2005 年以来，建设社会主义新农村活动的开展，为太阳能热水器在农村地区的推广应用提供了一个良好的契机，越来越多的农村新村改造项目使用太阳能热水器为农户提供热水供应，还开始使用太阳能热水器为农户供暖。太阳能热水器已成为新农村建设、改善农民生活水平的得力设备。

　　目前，太阳能热水器为全国 4 000 多万家庭提供着热水供应，已形成与电热水器和燃气热水器三足鼎立的局面。我国已经形成了完整的太阳能热水器产业体系，并一直呈现着增长的趋势。尤其随着全球能源危机和温室效应等国际能源问题的提出和重视，更加快了太阳能热水器的发展步伐。

但是，在太阳能热水器使用中，常会出现上水困难、漏水、真空管破裂、热水不热、出水压力不够、水箱抽瘪或胀坏、电加热器不加热、放冷水过多等问题，影响了人们正常使用太阳能热水器，太阳能热水器的正确使用与维修已成为人们关注的热点之一。因此，为了满足广大太阳能热水器的用户和维修人员的需要，我们编写了《太阳能热水器使用与维修》一书。

本书全面系统地介绍了太阳能热水器使用维修的基本技能和操作要点。全书共分六章，分别介绍了太阳能的基本知识，太阳能热水器的结构、工作原理与类型，太阳能热水器的选购，太阳能热水器的安装，太阳能热水器的使用，太阳能热水器的维护保养、常见故障的诊断与排除等内容。

本书适合广大太阳能热水器的用户和维修人员阅读；也可作为职业院校、培训中心等的技能培训教材。

本书由南京农业大学鲁植雄主编，农业部南京农业机械化研究所金月和南京农业大学钟文军副主编。第一章和第二章由鲁植雄编写，第三章和第四章由金月编写，第五章和第六章由钟文军编写。参加本书编写的还有李晓勤、许爱谨、姜春霞、吴俊淦、周伟伟、梅士坤、徐浩、李文明、金文忻、白学峰、常江雪、郭兵、刁秀永、周晶、王亚馗、田丰年、王心怡、吴鲁宁。

在本书编写过程中，参阅了大量参考文献，借鉴了部分数据和图表，在此，向这些文献的作者表示衷心地感谢。

编　者

2013 年 9 月

目 录

第一章 太阳能的基本知识

一、能源与太阳能量

1. 能源

（1）能源的定义　我国的《能源百科全书》对能源是这样定义的："能源是可以直接或经转换提供人类所需的光、热、动力等任一形式能量的载能体资源。"可见，能源是一种呈多种形式的，且可以相互转换的能量的源泉，是自然界中能为人类提供某种形式能量的物质资源。

（2）能源的分类　能源种类繁多，而且经过人类不断地开发与研究，更多新型能源已经被人类所利用。根据不同的划分方式，能源也可分为不同的类型，见表1-1。

表 1-1　能源的分类

分类方式	类型	定义或特征
按来源进行分类	来自太阳的能量	除直接辐射外，还为风能、水能、生物能和矿物能等的产生提供基础。人类所需能量的绝大部分都直接或间接地来自太阳。正是各种植物通过光合作用把太阳能转变成化学能在植物体内贮存下来。煤炭、石油、天然气等化石燃料也是由古代埋在地下的动植物经过漫长的地质年代形成的。它们实质上是由古代生物固定下来的太阳能。此外，水能、风能、波浪能、海流能等也都是由太阳能转换来的
	来自地球的能量	通常是指与地球内部的热能有关的能源和与原子核反应有关的能源，如原子核能、地热能等。温泉和火山爆发喷出的岩浆就是地热的表现。地球分为地壳、地幔和地核3层，它是一个大热库。地壳是地球表面的一层，厚度为几千米至70 km不等。地壳下面是地幔，它大部分是熔状的岩浆，平均厚度为2 875 km，火山爆发一般是这部分岩浆喷出。地球的中心部分为地核，地核中心温度为4 300 ℃。可见，地球上的地热资源贮量也很大
	来自太阳、月亮对地球的引力能	地球和其他天体相互作用而产生的能量，如潮汐能
	来自放射性元素的核能	铀、钍的核裂变能和氘氚等的核聚变能。核裂变能存在与原子核内部，重核在核裂变反应过程中会释放出巨大的能量，称为核裂变能。核聚变能是使两个较轻的原子核结合成一个较重的原子核并释放能量

（续）

分类方式	类型	定义或特征
按产生方式进行分类	一次能源	一次能源即天然能源，是指在自然界现成存在的能源，如煤炭、石油、天然气、水能等。一次能源又分为可再生能源（水能、风能及生物质能）和非再生能源（煤炭、石油、天然气、油页岩等），其中煤炭、石油和天然气3种能源是一次能源的核心，它们成为全球能源的基础。除此以外，太阳能、风能、地热能、海洋能、生物能以及核能等可再生能源也被包括在一次能源的范围内
	二次能源	二次能源是指由一次能源直接或间接转换成其他种类和形式的能量资源，例如：电力、煤气、汽油、柴油、焦炭、洁净煤、激光和沼气等能源都属于二次能源
按能源的性质进行分类	有燃料型能源	如煤炭、石油、天然气、泥炭、木材等
	非燃料型能源	如水能、风能、地热能、海洋能等
按能源消耗后是否造成环境污染进行分类	污染型能源	包括煤炭、石油等
	清洁型能源	包括水力、电力、太阳能、风能以及核能等
按人类利用能源的程度进行分类	常规能源	利用技术成熟，使用比较普遍的能源叫作常规能源。包括一次能源中的可再生的水力资源和不可再生的煤炭、石油、天然气等能量资源
	新型能源	新型能源是相对于常规能源而言的，包括太阳能、风能、地热能、海洋能、生物能、氢能以及用于核能发电的核燃料等能源。由于新能源的能量密度较小，或品位较低，或有间歇性，按已有的技术条件转换利用的经济性尚差，还处于研究、发展阶段，只能因地制宜地开发和利用。但新能源大多数是再生能源，资源丰富，分布广阔，是未来的主要能源之一
按能源的商品性进行分类	商品能源	商品能源是指作为商品经流通领域大量消费的能源。如煤、石油、天然气和电等均为商品能源。国际上的统计数字均限于商品能源
	非商品能源	非商品能源是指不作为商品交换就地利用的能源。如薪柴、秸秆等农业废料、人畜粪便等就地利用的能源。非商品能源在发展中国家农村地区的能源供应中占有很大比重
按能源的再生性进行分类	再生能源	再生能源是指可以不断得到补充或能在较短周期内再产生的能源，如太阳能、风能、水能、海洋能、波浪能、潮汐能、海洋温差能和生物质能等
	非再生能源	非再生能源是指自然界中经过亿万年形成，短期内无法恢复且随着大规模开发利用，储量越来越少总有枯竭一天的能源。如煤、原油、天然气、油页岩、核能等，它们是不能再生的，用掉一点，便少一点
按能源的形态特征进行分类		可分为固体燃料、液体燃料、气体燃料、水能、电能、太阳能、生物质能、风能、核能、海洋能和地热能。前三个类型统称化石燃料或化石能源

（3）为何要大力发展太阳能　作为世界上最大的发展中国家，中国是一个能源生产和消费大国。能源生产量仅次于美国和俄罗斯，居世界第三位；基本能源消费占世界总消费量的 1/10，仅次于美国，居世界第二位。中国又是一个以煤炭为主要能源的国家，发展经济与环境污染的矛盾比较突出。

近年来能源安全问题也日益成为国家生活乃至全社会关注的焦点，日益成为中国战略安全的隐患和制约经济社会可持续发展的瓶颈。

上个世纪 90 年代以来，中国经济的持续高速发展带动了能源消费量的急剧上升。

自 1993 年起，中国由能源净出口国变成净进口国，能源总消费已大于总供给，能源需求的对外依存度迅速增大。煤炭、电力、石油和天然气等能源在中国都存在缺口，其中，石油需求量的大增以及由其引起的结构性矛盾日益成为中国能源安全所面临的最大难题。

随着我国城镇化进程的不断推进，能源需求持续增长，能源供需矛盾也越来越突出，迫在眉睫的问题是，中国究竟该寻求一条怎样的能源可持续发展之路？学者认为，为了实现能源的可持续发展，中国一方面必须"开源"，即开发太阳能、核电、风电等新能源和可再生能源，另一方面还要"节流"，即调整能源结构，大力实施节能减排。

随着能源危机日益临近，新能源已经成为今后世界上的主要能源之一。其中太阳能已经逐渐走入我们寻常的生活，正逐步得到广泛应用。

2. 太阳能量

（1）太阳能量的来源　太阳的巨大能量是从哪里产生的呢？是在太阳的核心由热核反应产生的。太阳核心的结构，可以分为产能核心区、辐射输能区和对流区 3 个范围非常广阔的区带，如图 1-1 所示。太阳能实际上是一座以核能为动力的极其巨大的工厂，氢便是它的燃料。在太阳内部的深处，由于有极高的温度和上面各层的巨大压力，使原子核反应不断进行。这种核反应是氢变为氦的热核聚变反应。4 个氢原子核经过一连串的核反应，变成一个氦原子核，其亏损的质量便转化成了能量向空间辐射。太阳上不断进行着的这种热核反应，就像氢弹爆炸一样，会产生巨大能量，相当于 1 s 内 910 亿个 100 万 t 的 TNT 级的氢弹，总辐射功率达 3.75×10^{26} W。根据地球和太阳的相对

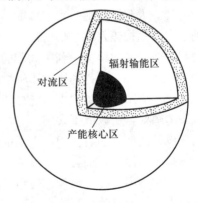

图 1-1　太阳能内部结构

位置可知，太阳能总辐射能量中，只有 22 亿分之一到达地球大气层上界，大约为 1.73 亿 MW。由于大气层的散射和吸收，最后到达地球表面的太阳能辐射功率大约为 0.85 亿 MW。这依然相当于全球发电容量的数十万倍。

根据目前太阳能生产的核能速率估算，氢的储能足够维持 600 亿年，而地球内部组织由于热核反应聚合成氦，它的寿命约为 50 亿年，因此，从这个意义上讲，可以说太阳的能量是取之不尽、用之不竭的。

（2）太阳能量传递到地球的方式　热量的传播有传导、对流和辐射 3 种形式。太阳主要是以辐射的形式向广阔无垠的宇宙传播它的热量和微粒的。这种传播的过程，称作太阳辐射。太阳辐射不仅是地球获得热量的根本途径，也是影响人类和其他一切生物的生存活动以及地球气候变化的最重要的因素。

二、太阳辐射能

太阳辐射能又称为太阳辐射热，地球是太阳系中的一颗行星，自然要接受到太阳辐射。当它透过地球大气层，入射到地球表面时，人们感受到光和热，就是通常所说的太阳能。

1. 太阳辐射能的类型　太阳辐射能可分为直接太阳辐射和散射太阳辐射。

（1）直接太阳辐射　所谓直接辐射，就是太阳光线直接投射的部分，是不改变方向的太阳辐射。

（2）散射太阳辐射　所谓散射辐射，是太阳光线不直接投射到地面上，而是通过大气、云、雾及其他一些物体的不同方向的散射而达到地面的部分。散射辐射与大气中质点的大小关系密切，因此有分子散射与粗粒散射之分。散射的能量和方向也与散射的类型息息相关。

（3）太阳总辐射　直接辐射与散射辐射的总和称为总辐射。一般说来，晴朗的白天直接辐射占总辐射的大部分；阴雨天散射辐射占总辐射的大部分；夜晚则完全是散射辐射。利用太阳能实际上是利用太阳的总辐射。但对大多数太阳能设备来说，则是利用太阳辐射能的直接辐射部分。

（4）太阳能设备的太阳能总辐射　由于太阳能设备通常采用倾斜面来接受太阳的辐射，所以除了太阳的直接辐射、散射辐射外，还要考虑来自地面对太阳能设备的反射辐射。即，太阳能设备的太阳总辐射＝太阳直接辐射＋太阳散射辐射＋地面反射辐射。

（5）太阳的高度角和方位角　地面上的太阳辐射强度和太阳光线入射到大气层中的角度有关，而这个角度显然和太阳的位置有关，实际上是和太阳与地面观察点的相对位置有关。

① 太阳的高度角。太阳高度角简称太阳高度（其实就是角度），是指在任何时刻，从日轮中心到观测点间所连的直线和通过观测点的水平面之间的夹角。

太阳高度在一天中是不断变化的。早晨日出时最低，为 0°；之后逐渐增加，到正午时最高，为 90°；下午，又逐渐减小，到日落时，又降低到 0°。太阳高度在一年中也是不断变化的。这是由于地球不仅在自转，而且又在围绕着太阳公转的缘故。地球自转轴与公转轨道平面不是垂直的，而是始终保持着一定的倾斜。自转轴与公转轨道平面法线之间的夹角为 23.5°。上半年，太阳从低纬度到高纬度逐日升高，直到夏至日正午，达到最高点 90°。从此以后，则逐日降低，直到冬至日，降低到最低点。这就是一年中夏季炎热、冬季寒冷和一天中正午比早晚温度高的原因。

对于某一地平面来说，由于太阳高度低时，光线穿过大气的路程较长，所以能量被衰减得就较多。同时，又由于光线以较小的角度投射到该地平面上，所以到达地平面的能量就较少；反之，则较多。

太阳辐射强度与太阳高度角的关系如图 1-2 所示。

② 太阳的方位角。太阳方位角即太阳所在的方位，是指太阳光线在地平面上的投影与当地子午线的夹角，可近似地看作是竖立在地面上的直线在阳光下的阴影与正南方的夹角。方位角以目标物正北方向为零，顺时针方向逐渐变大，其取值范围为 0°～360°。

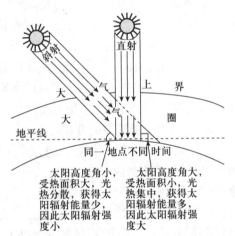

图 1-2　太阳辐射强度与太阳高度角的关系

2. 太阳能的特点

（1）太阳能的优点

① 太阳能是一种蕴量无限、可再生的能源。太阳能无需开采、运输，随处可取，是可利用的廉价、丰富的能源。

② 清洁安全。太阳能安全卫生，对环境毫无污染，可以当之无愧地称为"清洁的能源"。这是太阳能所独有的优点，远非其他任何能源所可比拟。

（2）太阳能的缺点

① 太阳能密度较低。到达地球表面的太阳辐射的总量尽管很大，但是能量密度很低。平均说来，北回归线附近，夏季在天气较为晴朗的情况下，正午

时太阳辐射的辐照度最大，在垂直于太阳光方向 1 m² 面积上接收到的太阳能平均有 1 000 W 左右；若按全年日夜平均，则只有 200 W 左右。而在冬季大致只有一半，阴天一般只有 1/5 左右，这样的能量密度是很低的。因此，在利用太阳能时，想要得到一定的转换功率，往往需要面积相当大的一套收集和转换设备，造价较高。

② 太阳能不稳定。由于受到昼夜、季节、地理纬度和海拔高度等自然条件的限制以及晴、阴、云、雨等天气因素的影响，到达某一地面的太阳辐照度既是间断的，又是极不稳定的，这给太阳能的大规模应用增加了难度。为了使太阳能成为连续、稳定的能源，就必须很好地解决蓄能问题，即把晴朗白天的太阳辐射能尽量贮存起来，以供夜间或阴雨天使用，但目前蓄能是太阳能利用中较为薄弱的环节之一。

③ 不连续。太阳能的一个最大弱点就是它的不连续性。对于地球上的绝大部分地区，平均说来，一年到头总有将近一半的时间处于"黑暗"之中；而在其余的一半时间内还要受到天气的影响，这就严重地限制了太阳能的应用。

④ 效率低、成本高。目前太阳能利用的发展水平，有些方面在理论上是可行的，技术上也是成熟的。但有的太阳能利用装置，因为效率偏低，成本较高，总的来说，经济性还不能与常规能源相竞争。

3. 我国太阳能资源的分布

（1）我国太阳能资源的分布特点

① 太阳能的高值中心和低值中心都处在北纬 22°～35°。这一带，青藏高原是高值的中心，那里的平均海拔在 4 000 m 以上，大气透明度好，日照时间长，纬度低。有"日光城"之称的拉萨市，年平均日照时间为 3 005.7 h，相对日照为 68%，太阳年总辐射量每平方厘米为 816 kJ。全国以四川省的太阳年辐射总量为最小，那里雾多、雨多、晴天较少。我国素有"雾城"之称的重庆市，年平均日照时数仅 1 152.2 h，相对日照仅 26%，年平均晴天 24.7 天，阴天 244.6 天，年平均云量高达 8.4，太阳年总辐射量每平方厘米为 335～419 kJ。

② 就全国而言，西部地区的太阳年总辐射量高于东部地区，除新疆和西藏两个自治区外，基本上是南部低于北部。

③ 我国北纬 30°～40°地区，太阳能的分布情况与一般太阳能随纬度变化的规律相反，由于南方多数地区云、雾、雨多，太阳辐射能不是随着纬度的增加而减少，而是随着纬度的增加而增加。

（2）我国太阳能资源的分布区　为了按照各地不同条件更好地利用太阳能，20 世纪 80 年代中国的科研人员根据各地接受太阳总辐射量的多少，将全国划分为如下5类地区。

① 一类地区。全年日照时数为3 200～3 300 h。在每平方米面积上一年内接受的太阳辐射总量为6 680～8 400 MJ，相当于225～285 kg标准煤燃烧所发出的热量。主要包括宁夏北部、甘肃北部、新疆东南部、青海西部和西藏西部等地。是中国太阳能资源最丰富的地区，与印度和巴基斯坦北部的太阳能资源相当。尤以西藏西部的太阳能资源最为丰富，全年日照时数达2 900～3 400 h，年辐射总量高达7 000～8 000 MJ/m²，仅次于撒哈拉大沙摸，居世界第二位。

② 二类地区。全年日照时数为3 000～3 200 h。在每平方米面积上一年内接受的太阳能辐射总量为5 852～6 680 MJ，相当于200～225 kg标准煤燃烧所发出的热量。主要包括河北西北部、山西北部、内蒙古南部、宁夏南部、甘肃中部、青海东部、西藏东南部和新疆南部等地。为中国太阳能资源较丰富的地区。相当于印度尼西亚的雅加达一带。

③ 三类地区。全年日照时数为2 200～3 000 h。在每平方米面积上一年内接受的太阳辐射总量为5 016～5 852 MJ，相当于170～200 kg标准煤燃烧所发出的热量。主要包括山东东南部、河南东南部、河北东南部、山西南部、新疆北部、吉林、辽宁、云南、陕西北部、甘肃东南部、广东南部、福建南部、江苏北部、安徽北部、天津、北京和台湾西南部等地，为中国太阳能资源的中等类型区，相当于美国的华盛顿地区。

④ 四类地区。全年日照时数为1 400～2 200 h。在每平方米面积上一年内接受的太阳辐射总量为4 190～5 016 MJ，相当于140～170 kg标准煤燃烧所发出的热量。主要包括湖南、湖北、广西、江西、浙江、福建北部、广东北部、陕西南部、江苏南部、安徽南部以及黑龙江、台湾东北部等地。是中国太阳能资源较差地区。相当于意大利的米兰地区。

⑤ 五类地区。全年日照时数为1 000～1 400 h。在每平方米面积上一年内接受的太阳辐射总量为3 344～4 190 MJ，相当于115～140 kg标准煤燃烧所发出的热量。主要包括四川、贵州、重庆等地。此类地区是中国太阳能资源最少的地区。相当于欧洲的大部分地区。

一、二、三类地区，年日照时数大于2 200 h，太阳年辐射总量高于5 016 MJ/m²，是中国太阳能资源丰富或较丰富的地区，面积较大，约占全国总面积的2/3以上，具有利用太阳能的良好条件。四、五类地区，虽然太阳能资源条件较差，但是也有一定的利用价值，其中有的地方是有可能开发利用的。总之，从全国来看，中国是太阳能资源相当丰富的国家，具有发展太阳能利用事业得天独厚的优越条件，只要我们扎扎实实地努力工作，太阳能利用事业在我国是有着广阔的发展前景的。

太阳能资源的分布具有明显的地域性。这种分布特点反映了太阳能资源受气候和地理等条件的制约。根据太阳年曝辐射量的大小，可将中国划分为4个太阳能资源带，如图1-3所示。这4个太阳能资源带的年曝辐射量见表1-2。

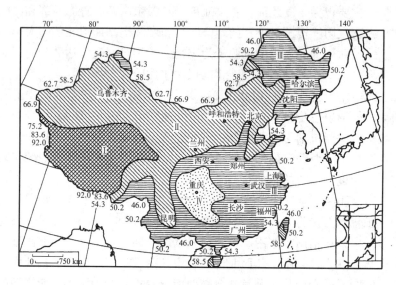

图1-3　中国太阳能资源分布图

表1-2　中国4个太阳能资源带的年曝辐射量

资源带号	资源带分布	年曝辐射量（MJ/m²）
Ⅰ	资源丰富带	≥6 700
Ⅱ	资源较丰富带	5 400～6 700
Ⅲ	资源一般带	4 200～5 400
Ⅳ	资源缺乏带	<4 200

三、太阳能的应用

在我国，太阳能得到了广泛应用，主要应用有太阳能热水器、太阳能灶、太阳能温室、太阳能干燥、太阳能房、太阳能电池、太阳能蒸馏、太阳能沼气池、太阳能游泳池、太阳能空调等。

太阳能热水器是太阳能热利用的主要产品之一。它是利用温室原理，将太阳能转变为热能，并向水传递热量，从而获得热水的一种装置。

太阳能热水器也称太阳能热水装置或太阳能热水系统（或太阳能热水工

程），但严格来说是有区别的。按国家标准 GB/T18713—2002（太阳能热水器系统设计、安装及工程）和行业标准 NY/T513—2002（家用太阳能热水器电辅助热源）的规定，太阳能热水器储热水箱的容水量在 0.6 t 以下称之为家用太阳能热水器，如图 1-4 所示，大于 0.6 t 则称之为太阳能热水系统（或太阳能热水工程），如图 1-5 所示。

图 1-4 家用太阳能热水器

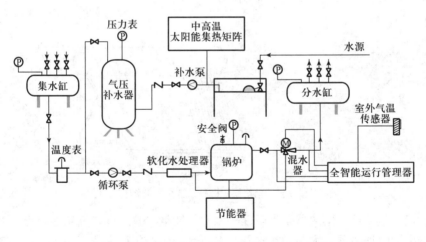

图 1-5 太阳能热水系统（或太阳能热水工程）

由于太阳能热水器结构简单，运行可靠，技术成熟，具有节能、无污染等特点，近年来在我国迅速发展。目前我国太阳能热水器的安装使用量已达 200多万平方米，成为太阳能领域的主导产品。

第二章 太阳能热水器的结构、工作原理与类型

太阳能热水器是指以太阳能作为能源进行加热的热水器。是目前与燃气热水器、电热水器相并列的三种主要热水器之一。

一、太阳能热水器的基本构成与工作原理

1. 太阳能热水器的基本构成 家用太阳能热水器主要由利用太阳能把冷水加热的集热器、保持水混的保温储水箱、控制冷热水进出的控制系统、支架和辅助配置等构成，如图 2-1 所示。

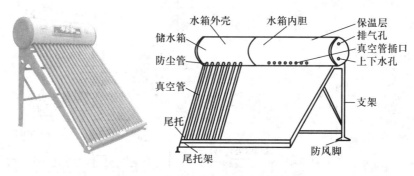

图 2-1　整体式太阳能热水器的结构

（1）集热器　集热器是太阳能热水器的能量接收装置，其功能相当于电热水器中的电加热器。太阳能热水器与电热水器、燃气热水器不同的是，太阳能集热器利用的是太阳的辐射热量，故而加热时间只能是在有太阳照射的时候。

（2）保温水箱（或储水箱）　保温水箱是储存热水的容器，是太阳能热水器的重要部件，因为太阳能热水器只能在白天工作，而人们一般在晚上使用热水多，所以必须通过保温层把太阳能集热器在白天产出的热水存储起来。保温水箱要求保温效果好，耐腐蚀，水质清洁。

太阳能热水器的容量是指热水器中可以使用的水容量，不包括真空管中不

能使用的容量。对承压式太阳能热水器，其容量指可发生热交换的介质容量。

太阳能热水器保温水箱由内胆、保温层、水箱外壳三部分组成。

水箱内胆是储存热水的重要部分，其所用材料强度和耐腐蚀性至关重要，市场上有不锈钢、搪瓷等材质。保温层保温材料的好坏直接关系着保温效果，在寒冷季节尤其重要。较好的保温方式是聚氨酯整体发泡工艺保温。外壳一般为彩钢板、镀铝锌板或不锈钢板。

（3）支架　支架的作用是支撑保温水箱，固定集热器，保证二者连为整体。支架设计应合理，应有足够的强度和刚度才能确保有足够的承重能力。对太阳能热水器支架的要求是结构牢固，抗风雪，耐老化，不生锈。支架的材质一般为彩钢板或铝合金，使用寿命要求达到 20 年。

（4）连接管道　太阳能热水器是先将冷水注入保温水箱，然后通过集热器将热量输送到保温水箱。保温水箱与室内冷、热水管路相连，使整套系统形成一个闭合的环路。设计合理、连接正确的太阳能热水器管道对太阳能热水器是否能达到最佳工作状态至关重要。太阳能热水器管道必须做保温处理，北方寒冷地区需要在管道外壁铺设伴热带，以保证用户在寒冷冬季也能用上热水。

（5）电气装置　电气装置用来提升太阳能热水器性能，简化操作，有助于实现太阳能热水器自动全天候运行。

一般家用太阳能热水器需要自动或半自动运行，控制系统是不可少的，常用的控制器是自动上水、水满断水并显示水温和水位，带电辅助加热的太阳能热水器还有漏电保护、防干烧等功能。市场上有手机短信控制的智能化太阳能热水器，具有水位查询、故障报警、启动上水、关闭上水、启动电加热等功能。

2. 太阳能热水器的工作原理　阳光穿过吸热管的第一层玻璃照到第二层玻璃的黑色吸热层上，将太阳光能的热量吸收，由于两层玻璃之间是真空隔热的，热量不能向外传，只能传给玻璃管里面的水，使玻璃管内的水加热，加热的水便沿着玻璃管受热面往上进入保温储水箱，箱内温度相对较低的水沿着玻璃管背光面进入玻璃管补充，如此不断循环，使保温储水桶内的水不断加热，从而达到热水的目的，如图 2-2 所示。

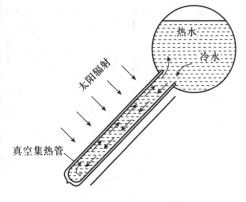

图 2-2　太阳能热水器的工作原理

(1) 太阳能热水器的循环原理　太阳能热水器的循环原理是利用冷水比热水密度大，冷水下沉，热水上升，形成自然对流循环，使水箱中的水逐渐变热。

在太阳能热水器水箱中，由于热水较轻，冷水较重，所以在热水器中，不同的水的层面温度不同。水箱上层的水温度较高，下层的水温度较低，一般高度每下降100 mm，水温降低10 ℃左右。以一个普通的太阳能热水器为例，直径为380 mm，水箱下部的水温和上部的水温相差15 ℃左右。可以通过水的热分层原理（图2-3），来合理有效地进行水循环控制。当太阳强度不足以满足循环需要的时候，可以在水循环闭路加一水泵，实现强制循环。

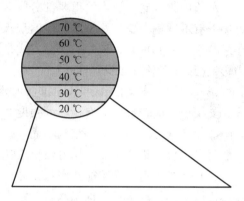

图2-3　水箱中水的热分层原理

(2) 同水位原理　在容器与大气相通的情况下，由于大气压力的作用，在距离相近的、互通的两个（多个）容器内的液体的液面的高度是一样的。

根据同水位原理，可以灵活安装太阳能热水器。水箱与水温传感器同水位，如图2-4所示。串（并）联的两台热水器的水箱同水位，如图2-5所示。太阳能热水工程中的同水位，如图2-6所示。

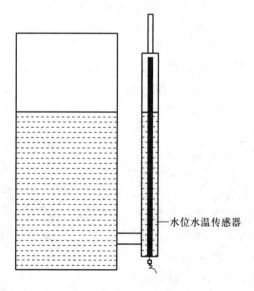

水位水温传感器

图2-4　水箱与水位水温传感器同水位

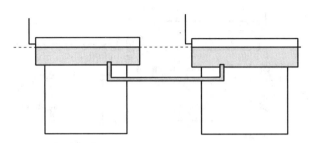

图2-5　串（并）联的两台热水器的水箱同水位

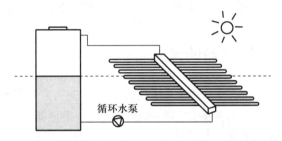

图2-6　太阳能热水工程中的同水位

　　利用同水位原理，可以将太阳能热水器串（并）联起来，扩大太阳能热水器的容量（供水量）；可以减小循环水泵的功率，节约在水泵等设备方面的投资；在真空管太阳能热水工程中，可以有效地保护真空管，防止真空管爆裂事故的发生。但同水位原理可能会导致太阳能集热器出现冒水现象。

　　若在楼顶装有自备储水箱，可在连接储水箱和太阳能热水器水箱的管道上安装一个开关 K 就可以有效控制进水，如图2-7。

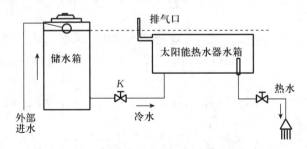

图2-7　采用手动开关控制进水

　　两台太阳能热水器高低安装，可以增加第一台热水器的水流向第二台热水器的速度，如图2-8所示。

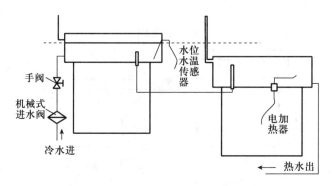

图 2 - 8　高低串联安装的太阳能热水器

二、太阳能热水器的分类与型号

1. 太阳能热水器的分类　集热器和储热水箱合为一体的称为闷晒式热水器；集热器与储热水箱分离的称为分离式热水器；集热器和储热水箱紧密结合的称为整体式（或紧凑式）热水器。

根据集热器的不同结构，可分为闷晒式热水器、平板式热水器和真空管式（包括热管真空管和全玻璃真空管）热水器。

按集热器工质的循环特点，可分为强迫（主动）式循环热水器、自然（被动）式循环热水器和直流式热水器。

按介质循环次数又可分为一次循环式热水器（单回路循环或直接循环）和二次循环式热水器（双回路循环或间接循环）。

按集热器所使用材料的不同，可分为金属、塑料和玻璃三大类型。按储热水箱内胆材料不同，又可分为不锈钢水箱、防锈铝水箱、搪瓷水箱、镀锌钢板水箱及塑料水箱等。

根据热水的使用时间，分为全年使用太阳能热水器（有辅助热源）、季节性太阳能热水器（无辅助热源）和全天候（有辅助热源及自动控制器）太阳能热水器。

另外，太阳能热水器还可以根据系统是否承压，分为承压热水器和非承压热水器（常压）。

家用太阳能热水器通常可分为闷晒式家用太阳能热水器、平板式家用太阳能热水器和真空集热管式家用太阳能热水器。

太阳能热水器按集热部分、结构部分、水箱受压以及其水流方向的分类，见表 2 - 1。

表 2 - 1　太阳能热水器的分类

分类方式	类　　　型	简　　　图
按集热器分类	真空集热管式太阳能热水器。真空集热管式集热器接收太阳辐射并向传热工质传递热量的是聚光型部件，其吸热板由若干真空集热管组成。全玻璃真空管式太阳能集热器的核心元件是玻璃真空集热管	
	平板集热器式太阳能热水器。平板式集热器接收太阳辐射并向传热工质传递热量的是非聚光型部件，其吸热板结构基本为平板形状。金属平板太阳能热水器是在传热性能极佳的金属片上，覆盖上吸热涂层，利用金属的传热性，将吸收的热量传于水箱中	
	陶瓷式太阳能热水器。其集热器是以普通陶瓷为基体，立体网状钒钛黑瓷为表面层的中空薄壁扁盒式太阳能集热体。陶瓷太阳能板整体为瓷质材料，不透水、不渗水、强度高、刚性好，不腐蚀、不老化、不退色，无毒、无害、无放射性，阳光吸收率不会衰减，光热转换效率较高	
按水箱受压分类	承压式太阳能热水器。该型热水器是采用承压式水箱的太阳能热水器。这种承压式的水箱，可以提供强劲的水压。它直接利用给水管网压力作为热水出水压力，使热水压力等同于冷水压力。这种承压式的太阳能热水器解决了普通屋顶式的太阳能依靠落差供热水而水压小的难题，不仅水压大，而且温度调节轻松，不会因为冷热水压力不均匀而产生温度变化	
	非承压式太阳能热水器。该型热水器的水箱有通气孔和大气相通，不可以承压运行，真空管和水相通，通过冷热水的密度差别自行循环达到加热水的目的。从室外到室内的自然落差越大，出水压力越大。其优点是：同容积情况下使用热水量大，升温快	

（续）

分类方式	类 型	简 图
按结构分类	紧凑式太阳能热水器。该型热水器是将真空玻璃管直接插入水箱中，利用加热水的循环，使得水箱中的水温升高，这是市场上最常见的太阳能热水器	
	分体式太阳能热水器。该型热水器是将集热器与水箱分开，可大大增加太阳能热水器容量，不采用落水式工作方式，扩大了使用范围	
按水流方向分类	循环式太阳能热水器。水在集热器中由于太阳辐射而被加热，由于集热器中不同水温的水相对密度差引起浮生力，产生热虹现象，使水在集热器中作自然流动。依靠水的自重进行对流循环的热水器系统称为热水器自循环系统	
	直流式太阳能热水器。该型热水器为开式、一次流动系统。冷水（自来水）直接进入集热器，其流量由装在集热器出口处的电节点温度计通过操作水泵或电磁阀来控制，以维持出口热水的温度在所需范围内	

2. 太阳能热水器的型号　家用太阳能热水器系统产品型号由如下 6 部分组成，各部分之间用"–"隔开。

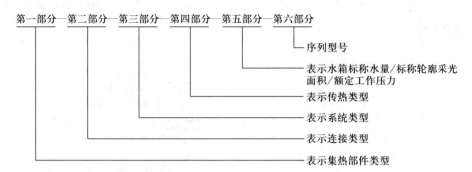

各部分标记应符合表 2-2 的规定。

表 2-2　家用太阳能热水器型号各部分标记的规定

第一部分	第二部分	第三部分	第四部分	第五部分	第六部分
P：平板 Q：全玻璃真空管 B：玻璃-金属真空管 M：闷晒	B：传热工质在玻璃管内 J：传热工质在金属管内 R：热管	J：紧凑 F：分离 M：闷晒	1：直接 2：间接	储热水箱标称水量/标称轮廓采光面积/额定工作压力，L/m²/MPa。标称水量取整。标称轮廓采光面积和额定工作压力小数点后保留 2 位数字	1，2，3，……序列型号，没有可不标

以全玻璃真空管、水在玻玻管内、紧凑式、直接式家用太阳能热水器为例：

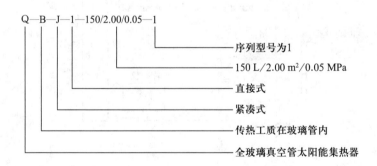

三、真空管式太阳能热水器

1. 基本组成　真空管式太阳能热水器俗称太阳能热水器，是广大农村、城市家庭应用最广泛的一种太阳能热水器。

　　真空管式太阳能热水器主要由多根真空集热管、水箱、支架、管路和控制装置等组成，如图2-9所示。

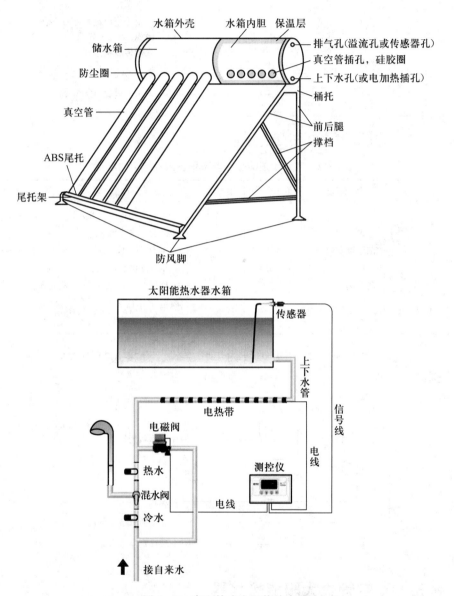

图2-9　真空管式太阳能热水器

　　真空管式太阳能热水器与平板式太阳能热水器相比具有以下优点：

　　① 升温更快。与同等面积的平板式太阳能热水器相比，真空集热管式太

阳能热水器的水温在环境温度以上基本呈直线上升之势。

② 水温更高。真空集热管式太阳能热水器的水温最高可达 90 ℃，而平板式太阳能热水器的水温最高只能达到 65 ℃。

③ 热水产量更大。在无云的晴天，平板式太阳能热水器只能产 50 ℃热水 $35\sim60$ L/m²，而真空集热管式太阳能热水器能产 50 ℃热水 $45\sim90$ L/m²。

④ 抗阴能力更强。平板式太阳能热水器要求太阳光辐射在 600 W/m² 以上才能工作，而真空集热管式太阳能热水器只需在 400 W/m² 以上就能正常工作。

⑤ 效率更高。平板式太阳能热水器的光热转换效率仅为 45％。真空集热管式太阳能热水器的光热转换率高达 94％。

2. 真空集热管

（1）类型　真空集热管有全玻璃真空集热管、玻璃-金属真空集热管、热管式真空集热管等型式，其特征见表 2 - 3。多根真空集热管可构成一台集热器。

表 2 - 3　几种真空集热管的特征

型　式	特　征
全玻璃真空集热管	① 双层玻璃管 ② 水流经玻璃管
玻璃-金属真空集热管	① 外层玻璃，内层金属吸热 ② 水流经金属板
热管式真空集热管	① 玻璃管内有带热管的金属吸热板 ② 水不流经集热管

① 全玻璃真空集热管。全玻璃真空集热管由内、外两层玻璃管构成，内管外表面具有高吸收率和低发射率的选择性吸收膜，夹层之间抽成高真空，其形状如一个细长的暖水瓶胆，如图 2 - 10 所示。它采用单端开口，将内、外管口予以环形熔封，另一端是密闭半球形圆头，由弹簧卡支撑内外管，而且可以自由伸缩，以缓冲内管热胀冷缩引起的应力。弹簧卡上装有消气剂，当它蒸散后能吸收运行时产生的气体，保持管内真空度。

全玻璃真空集热管结构简单，制造工艺非常成熟，所以国内生产厂家很多，产品质量差别不大。由于玻璃本身抗击冷热冲击的能力较差，所以用户在使用时应当特别注意上水时间，以防炸裂。另外，由于全玻璃真空集热管和水箱之间是靠橡胶圈密封的，所以只能做成普通的落差式太阳能热水器，无法制造成高级的承压式太阳能热水器。

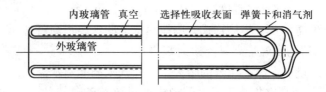

图 2-10　全玻璃真空集热管

全玻璃真空集热管作为一种传热元件，它具有以下基本特性。

a. 极高的导热性。全玻璃真空集热管内部主要靠工作液体的汽、液相变传热，热阻小，因此其有很高的导热能力。与银、铜、铝等导热系数较大的金属相比，单位质量的热管可多传递几个数量级的热量。

b. 优良的等温性。全玻璃双真空集热管内腔的蒸汽是处于饱和状态的，饱和蒸汽从蒸发段流向冷凝段所产生的压降很小，温降也很小，因而具有优良的等温性。

c. 热流密度可生性。可以根据需要改变全玻璃双真空集热管蒸发段或冷凝段的加热面积，从而改变其热流密度。

若干支按照一定规律排列的真空集热管、反光板和尾托架等部件组成一台全玻璃真空管集热器，如图 2-11 所示。

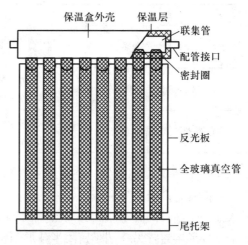

图 2-11　全玻璃真空管集热器结构

全玻璃真空管集热器的联集管一般有方形和圆形两种，多采用不锈钢板制作，集热器配管接头焊接在联集管的两端。联集管的一面或两面按设计的真空管间距开孔，真空管的开口端直接插入联集管内，真空管与联集管之间通过硅橡胶密封圈密封。

反光板多为平面漫反射板，一般采用不锈钢板、铝板或涂白漆的材质平板制成。反光板长期暴露在空气中，容易积聚污垢和灰尘，需要经常清理，以免影响反光效果。因此，风沙比较大的地区不适合安装带反光板的集热器。

全玻璃真空管集热器可以水平排列，也可以竖直排列，水平排列又有单排和双排两种形式，如图 2-12 所示。

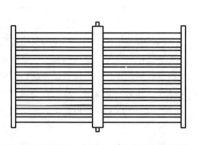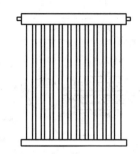

(a)水平排列的全玻璃真空管集热器(双排)　(b)竖直排列的全玻璃真空管集热管

图 2-12　全玻璃真空管集热器排列方式

② 玻璃-金属真空集热管。全玻璃真空集热管尽管有许多优点，但由于管内装水，在运行过程中若有一根管子坏了，整个系统就停止工作。为了克服此缺陷，人们又在全玻璃真空集热管的基础上，研制出玻璃-金属真空集热管。这样，管内没有水，不会发生因一根管损坏而影响系统的运行。

玻璃-金属真空管集热器同样也是由多根同种类型的真空集热管组合而成。根据集热管的集热的不同结构，可以分为 U 形管式、同轴套管式、内聚光式、直通式和储热式 5 种类型，见表 2-4。

表 2-4　几种玻璃-金属真空集热管的特性

类型	示意图	特　征
U 形管式	(a)平板翼片 (b)圆柱形翼片	U 形管式真空集热管按插入管内的吸热板不同形状，分为平板翼片和圆柱形翼片两种。金属翼片与 U 形管焊接在一起，吸热的翼片表面沉积选择性涂料，管内抽真空。以管子（一般是铜管）与玻璃熔封或 U 形管与保温堵盖结合的方式引出集热管外，作为传热流体（一般为水）的入、出口端
同轴套管式		同轴套管式真空集热管又称直流式真空集热管。吸热管是两根内外相套的金属管，外管与吸热板焊接，外管底部封死，外管与玻璃熔封并引出真空管外，真空管内抽真空。工作时冷水从内管进入，经吸热板加热后，热水通过内外管的夹层向外流出。它的主要特点是热效率较高，运行可靠
内聚光式		内聚光式真空集热管是在真空管内加聚光反射面的一种集热管，由聚光反射面、吸热管和真空玻璃管等组成。反射面可以在内管壁下半周涂铝或设置复合抛物柱面反射镜。吸热管可以是热管也可采用同轴套管，但表面必须沉积高温选择性吸收膜。这种管子的特点是运行温度较高，有时可达 150 ℃以上，而且不需要跟踪设备，但是制造比较困难

（续）

类型	示意图	特　征
直通式	(a)吸热管板型 (b)吸热管型	根据真空管内的吸热结构不同，可分为吸热管板结构与吸热管结构。无论是什么结构；其吸热管板或吸热管均需要有高温选择性吸收涂层，传热介质由吸热管的一端流入，经在真空管内加热后，从另一端流出，故称直通式。由于金属吸热管和玻璃管之间的两端都要予以封接，考虑到金属管和玻璃管间的热胀冷缩的差别，在封接处借助金属波纹管过渡。这种集热管的主要优点是运行温度高和易于组装，特别适合于大型太阳能热水工程。如果与聚光反射镜结合使用，其温度可达 300～400 ℃，可用于太阳能发电
储热式		它是将大直径真空集热管与储热水箱结合为一体的真空管热水器，亦称真空闷晒式热水器。该产品由吸热筒体、玻璃管金属端盖、支撑架和吸气剂等零部件组成。吸热筒内储存水，外表面有选择性吸收涂层。筒体外面与真空管内的夹层必须抽空，筒体与真空管有支架予以支撑和固定。这种集热管通常要求直径大于 100 mm 以上。白天，吸热筒将太阳辐射能转换成热能，直接加热筒内的水，使用时冷水通过内插管徐徐注入，将热水顶出使用。晚上，由于有真空隔热，筒内的热水温度下降很慢。它的特点是不需要独立水箱，结构紧凑，使用较为方便，完全可以根据用户的用水量来设计需要多少根储热式真空集热管，然后即可很快组装成满足用户需要的太阳能热水器或热水系统

　　③ 热管式真空集热管。热管真空集热管是一种在真空集热管内无水而代之以金属热管传递太阳热能的集热管。这种集热管主要分为两种类型。

　　一种是热管单玻璃真空集热管，是由带有平板镀膜肋片的热管蒸发段封接在单层真空玻璃管内，其冷凝端以紧配合方式插入导热块内或插入水箱，并将所获太阳热能传递给水箱中的水，如图 2-13 所示。

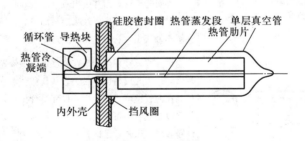

图 2-13　热管单玻璃真空集热管

这种集热管长度和直径比较大,一根管传热量也大,集热器可不装反射板,抗风、雪袭击能力强,在风雪大的寒冷地区使用比较可靠。一根管坏了不会造成系统漏水影响正常使用。缺点:一是冷凝端相对蒸发面积小;二是平板肋片对太阳能的吸收较圆筒形少;三是一旦一根玻璃管被打破,则其热管真空管需拆换,不但要泄水,而且不经济。

另一种是热管双玻璃真空集热管,是将热管的蒸发段以紧配合的方式插入双玻璃真空集热管内的弹性金属肋片中,并处于阳光照射强烈的部位,扩大直径后的冷凝端通过密封圈插入水箱中,将太阳热能传递给水,如图 2-14所示。

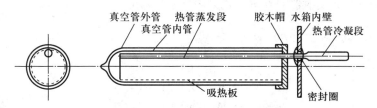

图 2-14 热管双玻璃真空集热管

热管双玻璃真空集热管弥补了热管单玻璃真空集热管的缺点,其一,该集热管的冷凝端与蒸发段面积的配比做到了优选,因而经国内授权单位测试的热效率很高;其二,这种集热管的弹性肋片为圆柱形,该肋片由弹性张力的作用紧贴双玻璃真空管镀膜内管的内壁,因而它具有圆柱体吸热面对阳光准跟踪的优点;其三,当某根玻璃真空管被打破后,可就地拆换,不必泄水,也不必换热管,维修简便、经济;其四,由于其结构简单,故成本低廉。但是,这种热管真空集热管若安装反射板,抗大风、雪的能力差,因而在寒冷地区应选用不带反射板的。

(2) 真空管式太阳能集热器的产品型号 真空管型太阳能集热器的产品型号由如下 5 部分组成,各部分之间用"-"隔开。

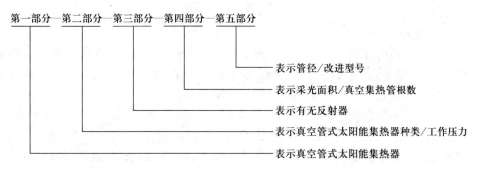

第一部分：用汉语拼音字母 Z 表示真空管式太阳能集热器

第二部分：用汉语拼音字母 QB、BJ 和 RG 分别表示全玻璃真空集热管式太阳能集热器、玻璃-金属真空管式太阳能集热器和热管式真空管式太阳能集热器/用阿拉伯数字表示以 MPa 为单位的真空管式太阳能集热器的工作压力。

第三部分：用汉语拼音字母 YF 和 WF 分别表示有无反射器。

第四部分：用阿拉伯数字表示以 m² 为单位的真空管式太阳能集热器的采光面积（小数点后保留一位数字）/真空集热管根数。

第五部分：用阿拉伯数字表示以 mm 为单位的真空集热管玻璃罩外径/改进型号。

示例 1：无反射器的真空管式太阳能集热器的产品型号。

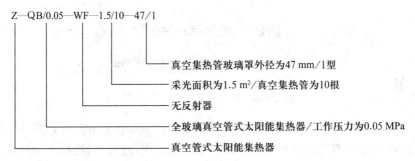

示例 2：有反射器的真空管式太阳能集热器的产品型号

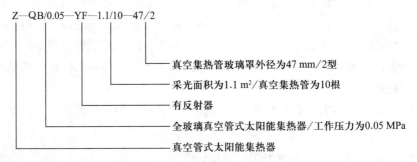

3. 水箱

（1）水箱的作用　水箱是太阳能热水器的主要部件之一，是作为储存冷热水的装置，应具有良好的保温性能。水箱的容水量、保温性能、形状、结构和材料的选用将直接影响太阳能热水器的性能和运行。

（2）水箱的种类　按加工外形可分为方形水箱、圆柱形水箱和球形水箱；按水箱放置方法可分为立式水箱和卧式水箱；按水箱是否保温可分为保温水箱和非保温水箱；按水压状态可分为非承压水箱和承压水箱；按是否有辅助热源又可分普通水箱和带电加热器水箱。

按太阳能热水器类型分类，可分为家用太阳能热水器水箱和太阳能热水系统水箱；按换热方式不同又可分为直接换热水箱和带换热器的间接热交换水箱。

按水箱和集热器的整体结构基本可分为4类：紧凑型、自循环型、分体型和组合型。

我国的行业标准将水箱分为4类：开口式储水箱、出口敞开式储水箱、封闭式储水箱、水槽供水式储水箱。

目前，市场上的水箱主要是开口式紧凑型和开口式自循环型，开口式紧凑型主要与真空集热管配套，开口式自循环型主要与平板集热器配套。分体型水箱主要应用于与建筑结合，例如安装在阳台或斜屋面上的分体式热水器或太阳能热水系统。组合型水箱主要用于闷晒式太阳能热水器和热泵式热水器。

几种太阳能热水器水箱的结构特点见表2-5。

表2-5　几种太阳能热水器水箱的结构特点

水箱类型	示意图	结构特点
组合式		组合水箱是两个或多个水箱用连接管组合而成，也可在一个整体水箱内加上隔板，使它有两个以上的独立储水空间。组合式水箱的单体小而圆，水的进出形式为低进高出，使用时既可用顶水法又可用落水法。闷晒式热水器采用组合水箱最为普及，用于闷晒式组合水箱的结构尽量使接收阳光面积大些，以提高热性能，连接管要连接牢固，且能承受两只水箱的容水质量。接收阳光面的吸热涂层，尽量选用吸热效果较好的材料，或用高效选择性涂料。组合水箱的连接方式要尽量避免产生存水死角、存气死角和水阻，水箱的端盖尽量成型为球面体，以提高水箱的承压能力
开口式		开口式水箱的结构是在水箱上设有连通大气的出口。开口式水箱的优点是水箱内不承压，并可确保正常使用。开口式水箱用料薄、制造简单、成本低、使用寿命长。使用时，一般为落水法。用顶水法时，排气口需要增加排气管。当热水管弯曲较多时，顶水法无法使用。水箱的进水口应设置在水箱一端的下方，出水口应设置在另一端的上方，排气口应设置在水箱的顶端。排气口既是进出气口，又是溢流口

（续）

水箱类型	示意图	结构特点
出口敞开式		出口敞开式储水箱与开口式储水箱相比，没有排气口，水箱上只有进、出水口，且将用水阀装在进水口上。它的优点是便于用顶水法，但当进水水压力过高时，热水管（回水管）受阻后容易使水箱胀坏。出口敞开式水箱的用料和承压性能比开口式要求高，相对成本也高些
封闭式		封闭式储水箱在水箱上设有进、出水口，用水间装在出水口。它的优点是用水方便，即开即用，用后自动补水；不论水箱放置的高度高于或低于淋浴喷头都不影响用水。因为它要求内胆能承受压力，所以制造难度大，用料厚、成本高，我国市场上一时难以形成批量
水槽供水式		该水箱在主水箱外面设一小水槽，小水槽与主水箱相连由小水槽来控制水位。使用热水时，可以自动补水，维修方便，缺点是增加成本
间接循环式	(a)卧式　(b)立式	间接循环（亦称二次循环）式储水箱是在开口式水箱里加装热交换器和补水控制间，使成本低廉的水箱可以得到承压式使用的目的，并具备封闭式水箱的优点。它的缺点是热交换器内容易沉积污垢，水质差

（3）水箱的结构　无论何种形式的水箱，一般均由内胆、保温层、外壳三个部分组成，如图2-15所示。

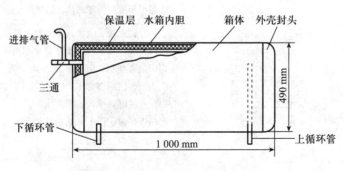

图2-15　100 L卧式圆柱形封闭水箱

水箱的容水量大小必须和集热器采光面积相匹配，同时还要根据用户对水温的要求以及当地的气候条件等因素来确定。

（4）水箱的材料

① 内胆材料。水箱的内胆常用的材料有不锈钢、防锈铝、搪瓷、镀锌钢板、玻璃钢和塑料等。

a. 镀锌板内胆。镀锌保护层只有 0.06 mm，内胆成型后不做防锈处理，易生锈，使用寿命短，现在市场上已很少见到。

b. 不锈钢内胆。材质好，不易生锈，但焊缝隐患难以发现，经过多次的热胀冷缩后，不锈钢中的铬会被水中的氯离子腐蚀而产生焊缝漏水，所以多用于非承压式水箱，现在全玻璃真空集热管太阳能热水器水箱很多采用不锈钢内胆。

c. 搪瓷内胆。内胆表面的瓷釉为非金属材料，不易生锈，耐腐蚀，厚钢板制作的水箱有较强的耐压能力。这种水箱不仅防锈性能好，还有一定的保温效果，可长久使用。承压式双能源太阳能热水器采用这种内胆，并且采用双镁棒设计，其使用性能明显高于前两者。搪瓷釉含有石英，化学稳定性好，防腐蚀，无机玻璃态的瓷釉熔融到钢板上，整体形成一种复合材料，它兼有两种材料的优点，即钢板的机械强度和瓷釉的耐腐蚀性，是目前太阳能热水器内胆的理想材料。

② 保温材料。水箱的保温材料基本上可以参照集热器保温材料选用。目前常用聚氨酯，发泡厚度为 20～50 mm。

③ 外壳材料。水箱外壳材料可以根据不同的要求，选用铝板、镀锌板、薄钢板外表面喷漆或烤漆，亦可采用喷塑工艺。如果考虑到成本，还可以采用其他廉价的方法，如用塑料、玻璃钢或者用玻璃布包扎后外抹白水泥。

4. 支架

（1）作用　支架作为热水器主要部件之一，起着水箱和集热器的支撑作用，若结构和用料不合理，会直接影响整台热水器的使用寿命和美观。

（2）分类　家用太阳能热水器的支架主要有型材组合式和板材成型式两大类。型材组合式应注意选材，型材不宜过薄，防腐性要好，连接中要有足够的强度，下料尺寸要尽量精确，穿孔要对应。板材成型支架成型时要避免板材折伤，防腐性要好，否则会影响使用寿命。不宜用铝材制作支架。

（3）材料结构　支架的材料有不锈钢、角钢、钢板压型、铸铁和玻璃复合材料等。支架主体大多数设计成三角结构，如图 2-16 所示。

（4）组成　太阳能热水器的支架主要由反射板、尾座及主撑架等组成。反射板的作用主要是把射进真空集热管缝隙中的光有效地利用起来。现在市面上的太阳能热水器的反光板主要有平面不锈钢板、轧花铝板、大聚焦反射板、小聚焦反射板。平面反射板把射进的太阳光又原路反射回去。轧花铝板漫反射没有方向性，一部分反射到真空集热管上而加以吸收利用。大聚焦反射板的弧面宽度为 8 cm 左右，其聚焦点全在真空集热管之外。小聚焦反射板的弧面宽度为

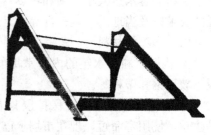

图 2-16 支 架

6 cm，能够把太阳热能完全聚集到真空集热管上，大大提高太阳热能的使用率。

尾座的作用是保持真空集热管的稳定，所选用材料为厚度在 0.6 mm 以上的 430 号不锈钢板，如低于此厚度，则强度不够。铜板易弯曲变形，导致真空集热管下滑脱落破碎。现市场上有在底座上直接冲压成型的尾座，易对真空集热管造成直接的机械磨损，致使真空集热管漏气，失去吸收太阳能的功能及保温功能。

主支撑选用 430 号不锈钢板，用不锈钢螺钉连接，因其有良好的高强度性能，正规厂家生产的太阳能热水器产品大多选用此材料。有些太阳能热水器的支架选用具有磁性的特殊型号的不锈钢板，这种钢板强度大，能承受很大的压力，一些热水器生产厂家也选用此材料。

5. 配水管路　太阳能热水器的配水管路包括室外管路和室内管路两部分。

（1）室外管路　主要有进水管、溢流水管、保温材料等。

（2）室内管路　主要由上水管路、热水管路、管道接头等构成。

无溢流水管的配水管路如图 2-17 所示。有溢流水管路的配水管路如图 2-18 所示。

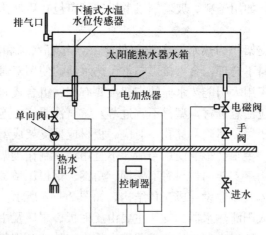

图 2-17　无溢流水管的配水管路

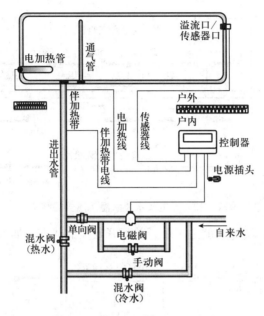

图 2-18　有溢流水管的配水管路

6. 电气装置　多数太阳能热水器设有电气装置，用于显示水位、水温，控制上水、管路保温、辅助加热等。

电气装置主要由水位传感器、水温传感器、控制器、电加热器、电伴热带、电磁阀、电动水泵、漏电保护器等组成。

（1）水位传感器　探测水位的方法有很多，太阳能热水器主要采用导电式和浮子式两种方法。

① 导电式水位传感器。在传感器中间还带有温度探头，目前 50％ 以上的太阳能热水器的传感器是采用导电式传感器，优点是成本低，安装简便；最大的缺点是受水的质量影响大，易结垢。水质好的地方可以用一年以上，最好的可以使用 5 年；水质差的只能使用几十天，最短的只有两个星期。一般情况下，使用寿命在一年左右。虽然导电式传感器有致命的缺点，但由于成本低，安装简便，目前还是使用最广泛的探测太阳能热水器的水位温度器件。传感器的探头是由热缩套管和不锈钢管做成的，里面安装有 4 个电阻和 1 个热敏电阻组成的电子电路（实际为等效电路），如图 2-19 所示。

太阳能热水器的水位控制普遍采用开关控制，利用开关接通或断开所造成的电阻的串联（并联）产生的不同电阻值来传递水位信号，让控制器判断水位，水位一般分为 4 挡。导电式水位传感器有水导电（利用水的导电特性）和

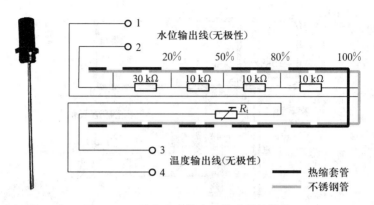

图 2-19　导电式水位水温传感器的结构

干簧管导电两种，实际上就是 4 个开关的开或关的状态，如图 2-20 所示。

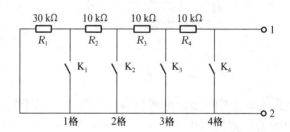

图 2-20　通用型导电式水位传感器工作原理图

当水位在 1 格以下时，所有开关都处于开的状态，1、2 端输出的电阻值为 $R_1+R_2+R_3+R_4=60\ k\Omega$，很大，控制器显示水位为 20％以下。当水位到达 1 格时，开关 K_1 由于水的导电作用（或者干簧管在碰铁的作用下）导通，电阻 R_1 被短接，端口 1、2 的电阻值为 $R_2+R_3+R_4=30\ k\Omega$，控制器显示水位为 20％。当水位达到 2 格时，开关 K_2 导通，电阻 R_2 也被短接，端口 1、2 的电阻值为 $R_3+R_4=20\ k\Omega$，控制器显示水位为 50％。当水位达到 3 格时，开关 K_3 导通，电阻 R_3 也被短接，端口 1、2 的电阻值为 $R_4=10\ k\Omega$，控制器显示水位为 80％。当水位达到 4 格时，开关 K_4 导通，电阻 R_4 也被短接，端口 1、2 的电阻值接近 0，控制器显示水位已满。水位低于 1 格时，控制器输出 12 V 的电压，启动电磁阀等打开进水，水位高于 4 格时，控制器关闭电磁阀，停止进水。

　　② 浮子式水位传感器。这种传感器的水位和温度是分开的。有 1 个浮子和 4 个浮子之分，采用 4 个浮子的为多。采用浮子和温度探头分开的安装方式，可以各自在不同的位置进行探测，比较准确；浮子又与水箱分离，利用同

水位原理探测水位；传感器的环境温度
比太阳能热水器水箱内的温度低，可延
长传感器的使用寿命。这种传感器一般
做成可以拆卸的，如果浮子脏了，或是
结垢了，可以拆下来清洗，反复使用。
温度探头另外安装，可以安装在热水出
水口附近，所测温度准确。温度传感器
的故障率很小，一般在5%以下，使用
寿命在10年以上。浮子式水位传感器的
缺点是成本比较高，安装比较复杂，所
以目前采用的不多。

　　浮子式水位传感器的工作原理是通
过不同高度的干簧管的通断来探测水面
的高度的。干簧管是一种电子元件，当
它遇到强烈的磁场时，内部的开关闭合，
电流从干簧管两端流过，给出水位和温
度的信号。传感器上有4个浮子，带有
磁铁的浮子浮在水面上，当水位上升时
浮子跟着上升，当它浮到干簧管附近时，
被浮子上挡圈挡住，传感器内部相应干
簧管导通，送出水位信号给控制系统，
如图2-22所示。家用太阳能热水器的
浮子式传感器的浮子有4个，主要考虑
的是实际使用中断电时的状况和浮子浮
动范围不能过大。传感器内部的工作原
理与导电式一样，不再赘述。温度探头
是一个热敏电阻，安装在一边封死的探
头体内，温度传感器的故障率很低，一
般不超过2%，只要探头体不漏水，使用
寿命可达10年以上。

　　浮子式水位传感器的结构如图2-21
所示。

　　（2）水温传感器　太阳能热水器水
温传感器（探头）的安装位置如图2-23

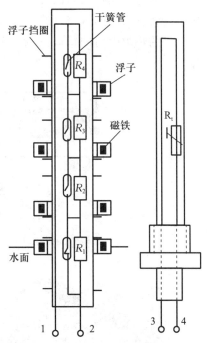

图2-21　浮子式水位传感器的结构
1、2——水位传感器接线端子
3、4——温度传感器接线端子
R_2、R_3、R_4 为 10 kΩ、R_1 为 30 kΩ

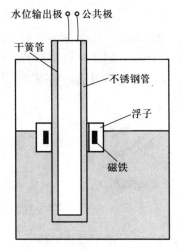

图2-22　浮子式水位传感器工作原理图

所示，可分为不锈钢水温探头和硅胶水温探头，如图 2-24 所示。探头质量的好坏主要看它所用的热缩管的质量。不锈钢探头由不锈钢外套管和热敏电阻组成，最好的热敏电阻的精确度为百分之一，热敏电阻的自身材质决定其使用寿命。

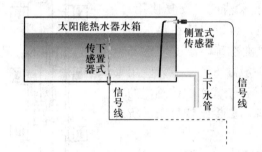

图 2-23　太阳能热水器水温传感器（探头）的安装位置

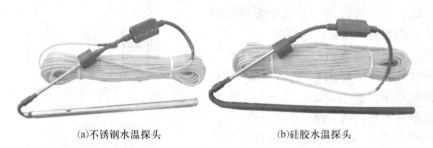

(a)不锈钢水温探头　　　　　　　(b)硅胶水温探头

图 2-24　太阳能热水器的水温传感器（探头）

热敏电阻是用一种半导体材料制成的敏感元件，是由一金属氧化物，如钴、锰、镍等的氧化物，采用不同比例的配方，经高温烧结而成。然后采用不同的封装形式制成珠状、片状、杆状、垫圈状等各种形状。它主要由热敏元件、引线和壳体组成，如图 2-25 所示。

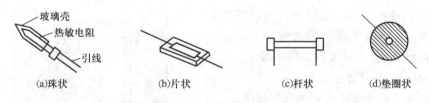

(a)珠状　　　　　　(b)片状　　　　　　(c)杆状　　　　　　(d)垫圈状

图 2-25　热敏电阻的形式

热敏电阻按半导体电阻随温度变化的典型特性分为 3 种类型：负电阻温度系数热敏电阻（NTC）、正电阻温度系数热敏电阻（PTC）和在某一特定温度下电阻值会发生突变的临界温度电阻（CTR）。使用 CTR 型热敏电阻组成控制开关是十分理想的。在温度测量中，则主要采用 NTC 或 PTC 型热敏电阻，但使用最多的是 NTC 型热敏电阻。

太阳能热水器的水温传感器通常采用 NTC 型热敏电阻为检测元件。当水温低时，电阻值大；水温升高，电阻值减小。

硅胶传感器又分为软硅胶和硬硅胶两种。硅胶传感器的外部由硅胶和活性炭组成。硅胶传感器质量的好坏决定于硅胶和活性炭的黏合性，黏合性不好的传感器容易开裂，造成探头传输信号不准或失灵。

一般不锈钢探头为四芯线，硅胶探头为二芯线。

（3）控制器 太阳能热水器的控制器是整台太阳能热水器的心脏，是太阳能热水器运行的控制中心，太阳能热水器的补水、保温、电加热等功能都由它控制。

目前市场上销售的太阳能热水器控制器种类繁多，大致可以分为半自动控制器、全自动控制器及全智能控制器三大类。

① 半自动控制器。半自动控制器结构简单，价格便宜，分为直流电的和交流电的两种，属于经济型。主要功能有：水位设置、水温水位显示、缺水水满报警。不能自动上水、自动电加热、加热完毕自动停止。需通过手控阀门上水；若水箱内温度不足，达不到要求，则需要手动启动电加热。

② 全自动控制器。全自动控制器由电磁阀、传感器和主控制器组成，其功能除包括半自动控制器所具有的功能以外，还具有自动上水、缺水上水、定时上水、强制上水、低水压上水、自动增压、管道保温和防跑水等功能。

③ 全智能控制器。全智能控制器由主机、传感器和电磁阀三部分组成。其功能除包括全自动控制器所具有的功能以外，还具有智能加热、定时加热、智能供水、定时供水、全天供水、防空晒干烧、安全自检、停电记忆等功能；当管道内水温低于 4 ℃时，自动启动电伴热带，防止管道冻结，实现冬季管道无需排空；还具有漏电保护、异常自动报警等功能。

（4）电加热器 目前，家用太阳能热水器一般都配有电辅助加热器。电辅助加热器有螺纹辅助电加热器、法兰密封辅助电加热器和真空管热水中直插式辅助电加热器 3 种。其中直插式应用最为广泛。

（5）电伴热带 自限温电伴热带（简称电伴热带）是长带状限温电加热器。

① 伴热带的材料结构。伴热带发热材料（PTC）的电阻率具有很高的正温度系数。在两根平行的金属线芯之间均匀地注塑半导体高分子复合 PTC 材

料，在其外面再包一层绝缘材料作为护套，便得到可以使用的基本型电伴热带，如有必要，也可再加屏蔽及防护层，如图 2 - 26 所示。

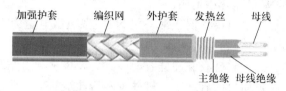

图 2 - 26　电伴热带的结构

② 电伴热带的工作原理。电伴热带接通电源后（注意尾端线芯不得连接），电流由一根线芯经过导电的 PTC 材料到另一线芯而形成回路。电能使导电材料升温，其电阻随即增加，当芯带温度升至某值之后，电阻大到几乎阻断电流的程度，其温度不再升高，与此同时，电伴热带向温度较低的被加热体传热。电伴热带的功率主要受控于传热过程，随被加热体的温度自动调节输出功率。传统的恒功率加热器无此功能。

③ 电伴热带的特点。电伴热带即使在没有安装控温装置的情况下，也能自动有效地控制电伴热带的温度（最高维持温度在 70 ℃以内），如果配合智能控制器，能够自动控制管道温度低于 4 ℃时加热，高于 15 ℃时断开，保证最高维持温度在 15 ℃以内。电伴热带能使被加热管道始终处于最理想的温度控制范围内，而且更有效地节省电能。太阳能热水器专用的系列电伴热带的优点有：

a. 可以缠绕，不怕重叠，可任意剪短，施工简单，使用方便，安全可靠，安装费用低。

b. 电伴热带升温启动快速，伴热管线温度均匀，不会过热。

c. 便于自动化管理，不需日常维护，运行费用低。

d. 能远距离控制，无需去现场操作。

e. 无噪声，无污染，无三废。

在使用电伴热带为太阳能热水器管路保温、解冻时，应配置漏电保护装置。

电伴热带最大使用长度与负载大小及电伴热带的导电芯截面积大小有关，超过 10 m 管长，一定要参照设计手册进行热工设计选型，以免误用。电伴热带的尾端应采用阻燃热缩管封套，时间长了胶带会出现短路。

太阳能热水器专用的系列电伴热带规格及技术参数见表 2 - 6。

（6）电磁阀　电磁阀如图 2 - 27 所示，主要应用于太阳能热水器自动上水控制。

表 2-6 太阳能热水器专用的系列电伴热带规格及技术参数

规格型号	功率（W/m）	名 称	最高维持温度（℃）	最高承受温度（℃）	最低安装温度（℃）	最大使用长度（m）
DWL-a	10，15，25，35	8 mm 基本带	65±5	85	-20	20
ZRDWL-a	10，15，25，35	8 mm 阻燃带	65±5	85	-20	20
DWL-A	10，15，25，35	8.5 mm 基本带	65±5	85	-20	30
ZRDWL-A	10，15，25，35	8.5 mm 阻燃带	65±5	85	-20	30
DWL-B	10，15，25，35	9 mm 基本带	65±5	85	-20	30
ZRDWL-B	10，15，25，35	9 mm 阻燃带	65±5	85	-20	30
DWL-C	10，15，25，35	10 mm 基本带	65±5	85	-20	30
ZRDWL-C	10，15，25，35	10 mm 阻燃带	65±5	85	-20	30
DWL-D	10，15，25，35	11 mm 基本带	65±5	85	-40	50
ZRDWL-D	10，15，25，35	11 mm 阻燃带	65±5	85	-40	50
DWL-J	10，15，25，35	12 mm 基本带	65±5	85	-40	80
ZRDWL-J	10，15，35	12 mm 阻燃带	65±5	85	-40	80

当水位在下限时，水位传感器给控制器一个水位过低信号，控制器就给电磁阀通电，电磁阀在电磁吸力的作用下，打开阀门，自来水通过电磁阀进入上水管，给水箱上水。

当水位上升到上限时，水位传感器给控制器一个水位过高信号，控制器就给电磁阀断电，电磁阀失去电磁吸力，在弹簧力的作用下，电磁阀阀门关闭，自来水不能通过电磁阀，上水结束。

太阳能热水器的电磁阀将作用力与反作用力相等的原理运用到阀体，形成独特

图 2-27 太阳能热水器的电磁阀

的平衡控水装置，克服了电机阀、活塞式电磁阀等机械运动磨损后的关闭不良。软性膜片富有弹性，平衡小孔不会因杂质与泥沙的淤积而堵塞；独特线圈磁路的高效利用，大大提高了控制阀的可靠性。阀体选用优质增强尼龙作为原料，因而阀体具有较高的韧性和强度。

（7）电动水泵 太阳能热水器使用的水泵主要是冷水供水泵和热水增压泵。

由于目前安装的绝大多数太阳能热水器都是落水式，这样相当于用户在自己的屋顶上设置了一个热水水塔，它是靠水的自然重力输送热水的。对于水的落差在 10 m 以内的供水点，必须提高供水压力才能提高供水质量。这就必须在太阳能热水器管道上加装增压泵，以使热水的供水压力提高到 0.2 MPa，保证正常供水。

增压泵如图 2-28 所示，主要由电动机、水泵两部分构成。当电动机通电时，水泵回转，在离心力的作用下，将自来水压入太阳能热水器的水箱。当电动机不通电时，则水泵不工作，停止对自来水增压。

几种太阳能热水器增压泵的技术参数见表 2-7。

图 2-28 太阳能热水器的增压泵

表 2-7 几种太阳能热水器增压泵的技术参数

产品名称	功率（W）	最大扬程（m）	最大流量（L/min）	功 能
TCP-180	110	11	20	双向增压、热水
TCP-190	95	10	20	循环、增压、热水
TCP-280	160	16	30	双向增压、热水
TCP-290	160	16	30	循环、增压、热水

四、闷晒式太阳能热水器

闷晒式太阳能热水器的集热器和水箱合为一体，冷热水的循环和流动加热过程是在水箱内部进行的。经过一天的自然循环，将水加热到供用的温度。

闷晒式太阳能热水器的优点是结构简单，造价低廉，易于推广和使用。缺点是保温效果差，热量损失比较大，所获得的热水只能在当天晚上上半夜使用。

闷晒式太阳能热水器一般可分为袋式太阳能热水器、池式太阳能热水器、筒式太阳能热水器、方箱式太阳能热水器和闷晒式真空管太阳能热水器。

1. 袋式太阳能热水器

（1）普通塑料袋式太阳能热水器 普通塑料袋式太阳能热水器采用聚氯乙烯或聚乙烯薄膜进行热合或粘接而成，如图 2-29 所示。

上水时打开上水阀，自来水进入袋内，待溢流管向外溢水时，表示水已上满，应立即关闭上水阀。经过若干小时或一天的日照后，水热后打开出水阀，即可使用。为了防止底部散热，可设置一支撑保温层。

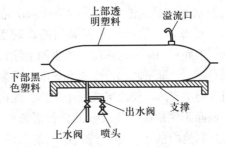

图2-29　普通塑料袋式太阳能热水器

该产品的特点是：质量轻，价格便宜，可以折叠，便于携带，适合旅游、野外作业或部队外出执行任务时使用，也可用于住宅。缺点是使用寿命短。

（2）带保温夹套的袋式太阳能热水器　该热水器是用塑料薄膜等材料制作的带保温夹套的袋式太阳能热水器。它的储水集热袋（内袋）用黑色塑料薄膜或软质塑料薄膜材料制成，储水集热袋上装有进出水管和溢水管，在储水集热袋外面覆盖有由无色透明塑料薄膜制成的保温夹套，阳光可透过保温夹套照射到储水集热袋上。保温夹套内充空气，可以有效地阻止袋内热水向外散热。

本产品热效率较高，保温性能较好，节省材料，制作工艺简单，成本低廉，适合家庭和野外工作者使用。

2. 带副水箱的袋式太阳能热水器　带副水箱的袋式太阳能热水器（图2-30）在塑料袋朝阳面上有透明隔热膜，以弥补在寒冷季节上部表面散热快的缺点；增设了一个自动给水的副水箱，水箱一侧贴有镀铝薄膜的反射板，以提高热水器的受热面积，增加热效率。透明隔热膜以按扣固定，每隔2～3年更换一次，不仅有很好的隔热效果，还能提高塑料袋的使用年限。

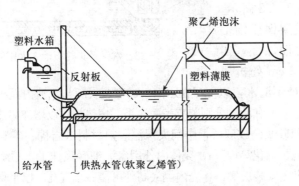

图2-30　带副水箱的袋式太阳能热水器

3. 池式太阳能热水器

（1）普通池式太阳能热水器　普通池式太阳能热水器外形就像一个浅水池子，它既能储水又能集热，如图2-31所示。

普通池式太阳能热水器可采用金属或非金属材料制作，在农村也可以用砖块及水泥砌成。池内水深约为 10 cm 左右，顶部盖一层与水平面倾斜的玻璃盖板，池底和四周加防水层，内表面上涂以黑色涂料，池子底部冷水阀和周围外部装有保温层壳体，使之形成一个整体。池内一侧面距底部高约 10 cm 处设置溢流管，以控制池内的水容量。经过一天的闷晒，打开热水阀，热水流出，即可使用。热水用完后，再打开冷水阀重新上水。

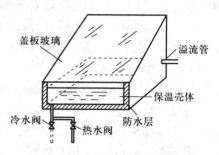

图 2-31　普通池式太阳能热水器

普通池式太阳能热水器在华北地区，冬季晴朗天气水温可加热到 20～30 ℃，夏季能加热到 40～45 ℃。它的优点是：水平放置，无需支架，容易制作和安装，生产成本低廉。缺点是：在纬度较高的地区不能充分利用太阳辐射能，使用效果比较差；如果不定期清洗，池内易长青苔，常常发出异臭；玻璃盖板内表面往往有水汽，会降低太阳的透过比，对热效率有一定影响。

普通池式太阳能热水器属于常压容器，只要不渗水、漏水即可。池底面积一般按容量 100 L 配 1 m² 来设计制作。

（2）常浮动集热板池式太阳能热水器　这种池式太阳能热水器是在原有的浅池基础上增加了浮动集热板，如图 2-32 所示。浮动集热板采用铜或铝箔制作，其上表面涂黑，四周边在 1.5～2 cm 处折成

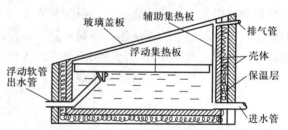

图 2-32　常浮动集热板池式太阳能热水器

直角，四角铆严不漏水，以能浮在水面。成型金属版与浅池内面积等大。有的改进型浅池还在正立面和两侧分别装有表面涂黑的集热板，以增加集热效果。其外壳通常用砖和水泥砂浆砌成双层，中间夹保温隔热材料（岩棉、矿渣棉、聚苯发泡板、锯末、稻壳、棉花等均可），壳体内外用水泥细砂浆抹平，不漏水即可。外壳上水口用水泥做出安装玻璃口，壳内侧最高处可留一小气孔，以平衡内外气压和放出水蒸气，或安装溢流管控制水位。装入辅助吸热板并固定，放入浮动集热板，同时连接好出水管，最后装上玻璃盖板，并用油灰抹平以防漏雨漏气。

这种池式热水器由于增加了浮动集热板和辅助吸热板，效率较普通浅池式热水器高 20% 左右，同时避免了藻类滋生，适合中纬度地区居住砖混平房的城乡家庭制作、使用。

4. 筒式太阳能热水器　筒式太阳能热水器是指箱体做成圆柱形的热水器，如图 2-33 所示。由于它承压好，制造工艺成熟，因而越来越受到用户的欢迎。

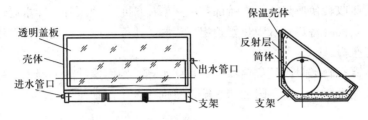

图 2-33　筒式太阳能热水器

筒式太阳能热水器是封闭的，水质清洁，不会长青苔，其平均日效率比前两种热水器均高一些，保温效果也有较大提高。

筒式太阳能热水器可根据市场的需要做成单筒、双筒或多筒热水器，如图 2-34 所示。

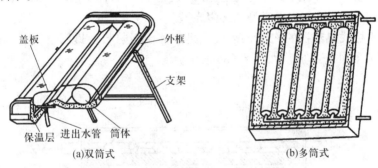

(a)双筒式　　　　　　　　　(b)多筒式

图 2-34　双筒式、多筒式太阳能热水器

筒式太阳能热水器多采用 0.5 mm 镀锌铁板经咬合焊接而成，也有采用塑料、陶瓷制作的。它具有加工工艺简单、省工省料、成本低、热效率高、水质清洁卫生、适合于工厂化生产等优点，是一种典型的闷晒式热水器。

5. 方箱式太阳能热水器　方箱式热水器如图 2-35 所示。这种热水器多采用 0.75～1 mm 厚镀锌铜板咬口制成，咬口处用锡焊防漏。侧边设进出水管口。为防止充水后箱体鼓胀，可事先在铁皮上滚压出波纹状沟槽，以增加强度。外壳和箱体间可充填岩棉或矿渣棉保温。

6. 闷晒真空管式太阳能热水器　闷晒真空

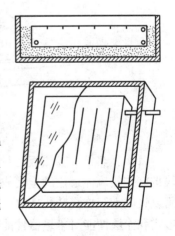

图 2-35　方箱式太阳能热水器

管式太阳能热水器采用闷晒真空管，这种真空管主要由吸热管、内插管、外玻璃管等组成。吸热管内储存水，外表面有选择性吸收涂层。白天，太阳辐射能被吸热管吸收转换成热能，直接加热吸热管内的水。使用时，冷水通过内插管渐渐注入，同时将热水从吸热管顶出。夜间，由于真空夹层隔热，吸热管内的热水降温很慢。

闷晒真空管本身既是集热器，又是储水箱，因而这种热水器也可称为真空管闷晒式热水器，不需要附加储水箱，特别适合于家庭使用。

五、平板式太阳能热水器

1. 平板式太阳能热水器的类型 按平板式集热器吸热板的结构不同，可以分为管板式、翼管式、蛇管式、扁盒式、圆管式和热管式等。按水循环方式的不同，可以分为自然循环、强迫循环、定温放水 3 种。按平板式集热器的聚光方式不同，可以分为聚光型和非聚光型。

2. 平板式集热器的构造 平板式集热器由吸热板、透明盖板、隔热部件（保温层）和外壳组成，如图 2-36 所示。

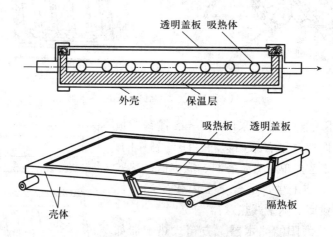

图 2-36 平板式集热器

（1）吸热板 吸热板是吸收太阳辐射能并转换成热能的部件，由一块或几块带有传热流体通道的金属或非金属吸热板构成。板表面涂有黑色吸收涂层，用以吸收太阳能，转化成热能后传热给通道中的流体。平板式集热器的吸热板形式和涂层性能对集热器性能有重要影响。

目前国内常用的几种吸热板的结构特点见表 2-8。

表 2-8　几种吸热板的结构特点

吸热板类型	示意图	结构特点
管板式		管板式吸热板是将排管与平板以一定的结合方式连接构成吸热条带，然后再与上下集热管焊接成吸热板。这是目前国内外使用比较普遍的吸热板结构类型。其优点是： ① 热效率高，热碾压使铜管和铝板之间达到冶金结合，无结合热阻 ② 水质清洁，接触水的部分是铜材，不会被腐蚀 ③ 耐压能力强，吸热条是用高压空气吹胀成型的
翼管式		翼管式吸热板是利用模子挤压拉伸工艺制成金属管两侧连有翼片的吸热条带，然后再与上下集热管焊接成吸热板。吸热板材料一般采用铝合金 翼管式吸热板的优点是： ① 热效率高，管子和平板是一体，无结合热阻 ② 耐压能力强，铝合金管可以承受较高的压力 缺点是： ① 水质不易保证，铝合金会被腐蚀 ② 材料用量大，工艺要求管壁和翼片都有较大的厚度 ③ 动态特性差，吸热板有较大的热容量
扁盒式		扁盒式吸热板是将两块金属板分别模压成型，然后再焊接成一体构成吸热板，吸热板材料可采用不锈钢、铝合金、镀锌钢等。通常，流体通道之间采用点焊工艺，吸热板四周采用滚焊工艺优点是： ① 热效率高，管子和平板是一体，无结合热阻 ② 不需要焊接集热管，流体通道和集热管采用一次模压成型 缺点是： ① 焊接工艺难度大，容易出现焊透或者焊接不牢的问题 ② 耐压能力差，焊点不能承受较高的压力 ③ 动态特性差，流体通道的横截面大，吸热板有较大的热容量 ④ 有时水质不易保证，铝合金和镀锌钢都会被腐蚀

（续）

吸热板类型	示意图	结构特点
蛇管式		蛇管式吸热板是将金属管弯曲成蛇形，然后再与平板焊接构成吸热板。这种结构类型在国外使用较多。吸热板材料一般采用铜，焊接工艺可采用高频焊接或超声焊接 优点是： ① 需要另外焊接集热管，以减少泄漏的可能性 ② 热效率高，无结合热阻 ③ 水质清洁，铜管不会被腐蚀 ④ 保证质量，整个生产过程实现机械化 ⑤ 耐压能力强，铜管可以承受较高的压力 缺点是： ① 流动阻力大，流体通道不是并联而是串联 ② 焊接难度大，焊缝不是直线而是曲线

　　吸热板的结构必须与使用条件、加工工艺、材料以及成本等因素综合考虑。从使用条件上看，如用于采暖空调或热水工程系统，应采用管板式或翼管式吸热板。这是由于圆管或近似圆管的结构承压性能好，能适应在泵送条件下工作。家庭洗浴用热水器的吸热板由于多在自然循环状态下运行，则可采用管板式、扁盒式、瓦楞式、翼管式等多种形式。我国平板式太阳能集热器多采用全铜管平板式或铜铝复合式，热水器具有使用寿命长、水质清洁、不腐蚀、热效率高等优点。

　　不管采用何种结构，吸热板都应满足具有一定的承压能力、具有良好的导热性能以及水的相容性等要求。

　　（2）透明盖板　透明盖板是让太阳辐射透过，抑制吸热板表面反射损失和对流损失，形成温室效应的主要部件。透明盖板还具有防止灰尘、雨雪以免损坏吸热板的作用。常用的透明盖板材料有普通平板玻璃、钢化玻璃和玻璃钢。

　　盖板的技术要求有：

　　① 高全光透射比。盖板对太阳光光谱的全光透射比越高，则辐射至吸热板的光线越强，所得到的热量越大，集热器效率越高。

　　② 冲击强度高。盖板要求有高的耐冲击强度，即在使用中受到冰雹、石头等外力碰撞时，不致损坏。

　　③ 良好的耐候性能。集热器通常安装在室外朝阳处，长期受冷、热、光、风、雨、雪等侵蚀。如果盖板不具有良好的耐候性，则其透光性、强度等性能急速下降，最后导致整个集热器无法工作，使用寿命大大缩短。

④ 绝热性能好。集热器工作时，盖板热导率越小，即隔热性好，热量散失越少，集热器效率也越高。

⑤ 便于加工。便于制造厂家按产品需要加工成型。

（3）隔热板　隔热板又称保温层，它的作用是减少热水器吸热板底部和四周边的热损失。用作隔热板的材料应具有导热系数小、吸水性小、耐高温、不分解、便于安装、价格低廉等特点，常用隔热板的保温材料见表2-9。

表 2-9　常用隔热板的保温材料

名　称	导热系数（kJ/m·h·℃）	容量（kg/m³）	备　注
岩棉	<0.167 5	100～120	—
矿渣棉	<0.167 5	100～150	—
普通玻璃棉	<0.188 4	80～100	—
膨胀蛭石	0.188 4～0.251 2	80～150	—
聚苯乙烯发泡塑料	<0.167 5	20～30	耐温 70 ℃

（4）外壳　集热器的外壳是使热水器形成温室效应的围护部件。它的作用是将吸热板、透明盖板、隔热板组成一个有机整体，并具有一定的刚度和强度。集热器外壳一般采用钢材、铝材、塑料等制成。自制集热器的外壳也可采用木材、砖石、水泥等。

集热器的外壳应平整美观，无扭曲变形。为确保集热器的使用寿命，壳体表面需进行喷涂处理。外壳漆层要求薄而均匀，无污垢，无划痕，并具有较强的附着力、抗老化性和耐候、耐湿热性。

3. 平板式太阳能集热器的产品型号与技术要求

（1）平板式太阳能集热器的产品型号　平板式太阳能集热器的产品型号由如下 5 部分组成，各相邻部分之间用"-"隔开。

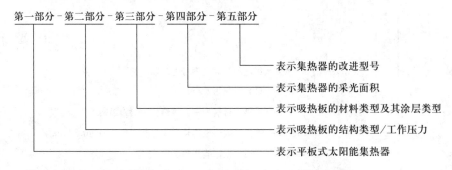

第一部分-第二部分-第三部分-第四部分-第五部分
- 表示集热器的改进型号
- 表示集热器的采光面积
- 表示吸热板的材料类型及其涂层类型
- 表示吸热板的结构类型／工作压力
- 表示平板式太阳能集热器

第一部分：用汉语拼音字母 P 表示平板式太阳能集热器。

第二部分：用表 2-10 所示的汉语拼音字母表示吸热板的结构类型；用阿

拉伯数字表示以 MPa 为单位的太阳能集热器的工作压力，小数点后保留一位数字。

表 2 - 10　平板式太阳能集热器吸热板的结构类型符号

符号	G	Y	B	S
类型	管板式	翼管式	扁盒式	蛇管式

第三部分：用表 2 - 11 所示的汉语拼音字母表示吸热板材料的类型，表中没有表示的新型材料一般用其汉语拼音的第一个字母表示。对由不同材料制成的吸热板，应采用下列形式表示其材料类型：管材代号/板材代号，如铜铝复合的吸热板的表示形式为"T/L"。

表 2 - 11　平板式太阳能集热器吸热板的材料类型符号

符号	材料	符号	材料
T	铜	G	钢
U	不锈钢	X	橡胶
S	塑料	B	玻璃
L	铝		

吸热板涂层类型一般用其汉语拼音的第一个字母表示。吸热板材料类型和吸热板涂层类型之间用"/"隔开。

第四部分：用阿拉伯数字表示以 m^2 为单位的平板式太阳能集热器的采光面积，小数点后保留一位数字。

第五部分：用阿拉伯数字表示该型号平板式太阳能集热器的改进序号。

产品型号示例：采光面积为 $2 m^2$ 的铜管板式涂层为黑铬的 2 型平板式太阳能集热器的产品型号表示如下。

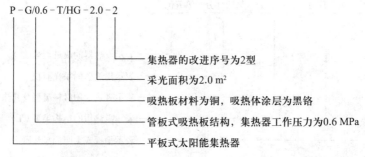

（2）平板式太阳能热水器的水循环方式　平板式太阳能热水器的水循环方式有 3 种，即自然循环、强迫循环、定温放水。

① 自然循环式。自然循环平板式太阳能热水器是依靠系统内的温差与压差而形成的热虹吸压头使水流动，进而循环的热水装置。其集热器有平板式、真空管式两种。

自然循环式热水器具有热效率高、运行安全可靠、管理方便、不需任何外部动力等特点。需要注意的是，由于自然循环式热水器的压差较小，为保证正常运行和防止夜间无辐射时热水倒循环，水箱底部必须高于集热器。

集热器是一种采用钢板的耐冻型扁盒式集热器，热水器安装在斜房顶上。根据平板式集热器与水箱连接方式的不同分为内连接方式和外连接方式两种。所谓内连接方式是指集热器和水箱的循环连接管隐藏在内部，不外露，这样可以节约管路长度。

② 强迫循环式。强迫循环平板式太阳能热水器是一种利用外部动力（水泵）使水在集热器和储热装置（水箱）之间进行循环的热水装置。水泵的启动与停止受控于控制装置。在热水器运行中，当集热器顶部水温（出口水温）比水箱底部水温（进口水温）高若干摄氏度（人为预先确定的温度）时，控制装置就启动水泵，使集热器顶部的热水流向水箱，水箱底部的冷水流入集热器。而两者的温差低于预定温度值时，则水泵停止工作。这样断断续续地循环，逐渐把水加热。逆止阀的作用在于防止夜间水逆向流动。强迫循环式热水器的特点是由于热水器依靠水泵循环，所以水箱不必置于集热器的上方，这就使整个系统的布置比较灵活，适用于大中型太阳能热水工程系统和自来水压力比较低的地区采用。缺点是需要耗费一定的电力，若停电则系统无法运行。

将集热器和储热水箱分开，集热器置于阳台上，储热水箱置于室内，称为分离型太阳能热水器。这种设计将明显地改善热水器的保温和防冻功能。由于集热器和水箱分开较远，因此必须采用强迫循环或受迫循环方式。它又可细分为一次循环式和二次循环式两种。

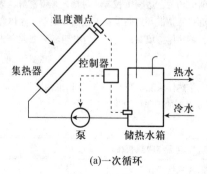

(a)一次循环

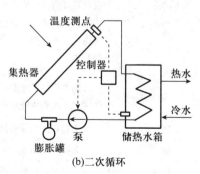

(b)二次循环

图 2-37　强迫循环方式

a. 一次循环式。利用循环泵将水箱中的冷水直接送到集热器加热，水泵的工作状态受温差监控器控制。当集热器出口处水温达到预定值时，控制器启动水泵将冷水送入集热器，顶出热水送入水箱，如图 2-37a 所示，因此也称直接循环式。其优点是储热水箱不承压，因此造价便宜；缺点是无防冻功能。

b. 二次循环式。二次循环式为双循环系统，如图 2-37b 所示，采用防冻液作为集热回路的集热工质。储热水箱为承压容器，内中装有换热盘管，冷水经盘管加热后供用户使用。这种太阳器的优点是具有良好的防冻功能，因此北欧国家普遍选用；缺点是造价较高。

③ 定温放水式。定温放水平板式太阳能热水器是利用自来水水压，当集热器出口处水温达到预定值，定温启动器自动打开电磁阀，自来水将热水顶入储热水箱中，当集热器出口温度低于预定值时则关闭电磁阀，这样一天之内多次开关电磁阀，最后将储热水箱灌满，以供使用。

需要说明的是：

a. 自来水必须保持一定的压力，防止因水压过低而无法将集热器中的热水顶入水箱。

b. 集热器出口温度可以根据太阳辐射强度、用户需要及水箱大小进行设定。

c. 水箱容水量大小要适当，以防止水满溢流。

（3）平板式太阳能热水器的技术要求　平板式太阳能热水器的技术要求应符合表 2-12 的规定。

表 2-12　平板式太阳能热水器的技术要求

测试项目	技术要求
外观	产品型号应符合规定。集热器易固定，易维护和检查，零部件易于更换。吸热板在壳体内应安装平整，间隙均匀。透明盖板若有拼接，必须密封，透明盖板与壳体应密封接触，考虑热胀情况，透明盖板无扭曲、划痕。壳体应耐腐蚀，外表面涂层应无剥落。隔热体应填塞严实，不应有明显萎缩或膨胀隆起现象
耐压	传热工质应无泄漏。非承压式集热器应能承受 0.06 MPa 以下的工作压力，承压式集热器应能承受 0.6 MPa 以下的工作压力
刚度	应无损坏及明显变形
强度	应无损坏及明显变形，透明盖板应不与吸热板接触
闷晒	应无泄漏、开裂、破损、变形或其他损坏
空晒	应无开裂、破损、变形或其他损坏

（续）

测试项目	技术要求
外热冲击	不允许有裂纹、变形、水凝结或浸水
内热冲击	不允许损坏
淋雨	应无渗水
耐冻试验	集热器应无泄漏、损坏、变形、扭曲，部件与工质不允许有冻结
热性能	平板式太阳能集热器的瞬时效率截距应不低于 0.72，总热损系数应不大于 6.0 W/m² · ℃
压力降落	应作出平板式太阳能集热器压力降落特性曲线
耐撞击	应无划痕、翘曲、裂纹、破裂、断裂或穿孔
涂层	吸热板和壳体的涂层应无剥落、反光和发白现象，应给出吸热板涂层的红外发射率，吸热板涂层的吸收比应不低于 0.92

六、几种新型太阳能热水器

1. 热管式太阳能热水器　由于普通平板式集热器内的循环水放不净，在北方地区使用容易冻坏集热器的吸热板芯。为了克服这一缺点，人们设计研制出新的抗冻防冻热管平板式家用太阳能热水器，如图 2 - 38 所示。集热管装在集热壳内，当太阳辐射能透过盖板照射到集热管翅片上时，集热管内的低沸点介质就汽化蒸发，很快将吸收的热量传给水箱中的冷水，低沸点介质降温后又流回到集热管下部，重新吸收太阳

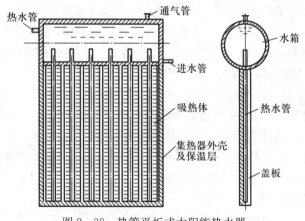

图 2 - 38　热管平板式太阳能热水器

能，这样不断地吸热和放热，最后将水箱中的水全部加热。

（1）热管的工作原理　热管是一种传热能力很强的元件，是 20 世纪 60 年代以来发展的一种新的传输热量的元件。它能通过一个很小的截面，将大量的热传得很远，其热阻比同样尺寸的紫铜至少小二、三个数量级。如直径 $\phi 13$ mm、长

0.6 m的热管在100 ℃工作温度下输送200 W能量只有0.5 ℃温降，若采用实心铜棒代替则有70 ℃温降。热管构造简单，无运动部件，若设计、制造、使用恰当，是十分经济可靠的。重力热管又是热管中最简单的一种，由于它的冷凝液靠重力回流，因此它必须使冷凝端在蒸发段之上，并以与水平面成一倾角的方式安装、运行工作。

热管的工作原理图如图2-39所示，当热管的蒸发段吸收外界热量，如来自太阳辐射的热量，加热液池中的工质（该工质一般沸点都比较低）并达到沸点后，工质迅速蒸发为蒸气，由于蒸气的密度小，沿热管内腔上升至冷凝端，受到冷凝端外部的水如太阳能热水器蓄水箱中的水，冷却放热并冷凝为液体。由于液体的密度大，且因热管的内壁

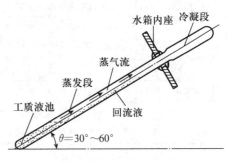

图2-39 热管的工作原理

面浸润性好，故沿壁面下流返回液池，又可再次蒸发。如此不断循环，将热量从一端传到另一端。

（2）热管的安装倾角 根据有关数据统计分析，重力热管的最佳倾角为30°～60°，既不能水平安置，也不能垂直安置。

（3）热管的传热能力极限 热管的传热能力虽然很大，但并不是无限的。一般重力热管在通常的工作温度下，首先受到"音速极限"的限制，然后是"携带极限"的限制。

所谓"音速极限"是指热管内从蒸发段向冷凝端输送的蒸气速度达到"音速"。所谓"携带极限"是指当到达上述音速后，若蒸发段温度继续升高，蒸气的速度高到把从冷凝端回流的液体剪切成液滴，并又带回到冷凝端，这时一方面造成热管冷凝端受撞击，另一方面造成蒸发段过热甚至烧毁。

由于热管一般工作温度在100 ℃左右，所以热管设计时，要保证热流小于音速极限。

一般热管在太阳能工况下不会出现传输极限，但是选择热管直径时要注意低温启动时的情况。例如，在水箱中的水处于冷水状态下时，热管中的冷凝回流液较多，如果蒸发段热流也很大（如正午），则应把热管直径适当增大，以免上升的蒸汽流将回流液托起而产生"携带极限"状态，使热管蒸发段液池干涸而被烧毁。

常见的热管被损坏的情形是当作为冷凝端冷却介质如水被泄空，热管蒸发段无回流液，因而温度和压力急剧升高而被"烧毁"。

（4）热管管壳材料　选择管壳材料首要因素是与工作介质（简称工质）的相容性，所谓"相容"是指热管运行时不致发生腐蚀和产生不凝气体（如 H_2、CO_2 等），不凝气体会阻隔工质的传热，甚至使热管失效。

产生不凝气体的原因：一是管壳与工质产生化学反应，如钢—水热管中发生的化学反应为：$Fe+2H_2O \rightarrow Fe(OH)_2+H_2 \uparrow$；二是泄入空气；三是工质和管壳吸附气体未去净。

不凝气体对传热的阻碍与热管工作时的温度和压力有关，当工作温度和压力提高时，不凝气体所占区域减小；反之，则此区域扩大，有效冷凝面积减小，甚至热管停止工作而失效。

不凝气体的存在也破坏了热管的真空度，使热管的启动温度升高，即不能在较低的太阳辐照度时工作。

检查热管中的不凝气体含量可将热管插入一定温度的水中，观察其启动状况。另外，可以用甩动热管时听其是否有清脆的撞击声的方法来判断，如果不凝气体少，即热管的真空度高，则响声十分清脆。

为防止产生不凝气体，应选择电化学序在氢以下的金属材料，如铜-水热管。

（5）热管的工质　表 2-13 列出了一些热管工质与管壳材料的相容情况，其中，丙酮与铝或不锈钢等组合是否相容尚无定论。

表 2-13　一些热管工质与管壳材料的相容情况

管壳材料	铝	铜	碳钢	不锈钢	镍	二氧化硅	钨	钽	钼	钛	铌
氮	相容	相容	相容	相容	相容	—	—	—	—	—	—
氨	相容	相容	相容	相容	相容	—	—	—	—	—	—
氟利昂-11	相容	—	—	—	—	—	—	—	—	—	—
正戊烷	相容	—	—	相容	—	—	—	—	—	—	—
氟利昂-113	相容	—	—	—	—	—	—	—	—	—	—
丙酮	—	相容	—	—	相容	—	—	—	—	—	—
甲醇	不相容	相容	—	相容	相容	相容	—	—	—	—	—
正庚烷	相容	—	—	—	—	—	—	—	—	—	—
水	不相容	相容	—	相容	—	相容	—	—	—	—	相容
导热姆-A	—	相容	相容	—	相容	—	—	—	—	—	—
汞	—	—	—	相容	不相容	不相容	不相容	不相容	不相容	不相容	不相容
铯	—	—	—	—	—	—	—	—	—	相容	相容
钾	—	—	—	相容	相容	相容	—	—	—	不相容	—
钠	—	—	—	相容	相容	相容	—	—	—	不相容	—
锂	—	—	—	不相容	不相容	—	相容	相容	相容	不相容	相容
银	—	—	—	—	—	—	相容	相容	—	—	—

2. 分体式太阳能热水器 分体式太阳能热水器是指集热器在室外，其他部分（如水箱、控制器、电加热器等部件）在室内的一种太阳能热水器。

（1）分体式太阳能热水器的组成 该热水器主要由真空集热管、水箱、自动循环系统工作站、热交换介质、管道等组成。

冷水直接进入承压式太阳能热水器的保温水箱，集热器吸收阳光转化成热能，使热管内介质升温。传感器测得集热器和保温水箱内的水温信号，分别传输到智能控制器，通过微电脑系统处理，当温度差到达设定数值时，循环泵开始启动。把集热器内的换热介质循环至保温水箱内置换热盘管，使保温水箱内的冷水经过盘管换热水温升高，完成一次循环。循环往复进行，使保温水箱内的冷水逐渐升温，达到所需水温。

（2）分体式太阳能热水器的类型

① 非承压分体式太阳能热水器。集热器为普通真空管（或平板），真空管集热器一般采用东西横向插管，长度约 3 m，宽度约 1 m，比较适合在阳台安装。水箱置于集热器上方的阳台内部，采用自然循环形式。供应热水的方式靠水泵增压供水。

其最大的优点在于成本低、热水利用效率高、故障率低，适合工薪阶层消费。缺点是真空管走水，结水垢问题比较突出。这类产品也可以派生出其他的安装形式，如集热器置于屋面，水箱置于阁楼内，具有极高的性能价格比，特别适合有别墅的用户。

② 承压分体式太阳能热水器。这种太阳能热水器的水箱、集热器均承压。集热器的形式有热管式、平板式、U 形管式、二次换热式等。这类热水器的特点是承压运行，洗浴舒适，同直接换热式相比，成本比较高，热效率普遍稍低，但热效稳定。

（3）分体式太阳能热水器的特点 分体式太阳能热水器适用范围广，可以安装在别墅住宅的朝南屋面上，也可以安装在别墅的庭院草坪上，以及各种建筑物朝南的坡面上，热水可以不受限制地输送到任何一个楼层使用。采用强制循环（自动控制）工作方式，自动控温、承压出水，具有操作简单、安全、方便、节能、无污染等优势。

（4）分体式太阳能热水器的核心技术

① 集热技术。普通的太阳能热水器仍然存在冬天冻管、夏天炸管等问题；由于真空管内自来水长期闷晒，对水质有不良影响；冬天水温低。采用双真空金属超导热管的分体式太阳能热水系统则不会出现上述现象。超导热管的集热原理是通过金属芯片吸收热量，管内不走水，利用传导介质气态导热，液态间流。该管冷凝端最高承受温度达 300 ℃，严寒－50 ℃也不会出现冻管的现象，

单支集热管破损不会影响整个系统的正常运行,确保高温上水不炸管,严冬气候不冻管,热管内壁无结垢,水质洁净无污染。但是这种热管成本是普通真空管的数倍,高档别墅区应用比较多。

② 热水系统水箱是储热的关键部件。热水系统水箱表面上看起来是水箱容量的变化,实际上更体现出内胆制造技术的提升与突破。大容量搪瓷内胆科技含量高,投资规模大,工艺复杂,只有经过多年的研制试验才能够生产出质量过硬的搪瓷内胆。搪瓷内胆水箱以其突出的抗冲击性、抗腐蚀性、抗热变性等性能,实现了热水器内胆的历史突破。

③ 智能控制、多重保护技术的融合。除了成熟的集热技术和搪瓷技术以外,还将超压保护、超温保护、漏电保护、倒流保护、防锈保护等有效融合,充分保证了水箱容量和性能的同步提升。

3. 分舱式太阳能热水器 分舱式太阳能热水器又称变容式热水器,也称太空舱太阳能热水器,其水箱分为数个舱,就像是太空飞船,如图2-40所示。

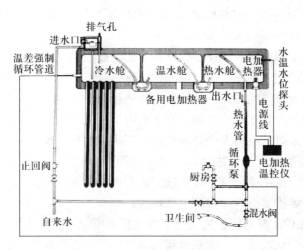

图2-40 分舱式太阳能热水器

分舱式太阳能热水器在一个外水箱内设置数个内水箱,每个内水箱中均有真空集热管。各内水箱中的冷水由各自的真空集热管来加热,相邻的内水箱之间通过导流管相连接。该热水器有两根管路与室内相连,一根冷水管,一根热水管,使用时必须要打开进水阀门和出水阀门。冷水从冷水管路进入初级水箱,初级水箱中的热水进入二级水箱,二级水箱中的热水进入末端水箱,末端水箱设有出热水口。末端水箱水温相对最高,中舱水温次之,初级水箱中的水温相对较低。电辅助加热器安装在末端水箱底部或侧部。

分舱式太阳能热水器具有以下优点：

① 一开就有热水，避免浪费水资源，减少洗浴等待时间；充分利用热水，包括真空集热管内的热水也能使用，比普通太阳能热水器多 1/3 的热水量。

② 水箱永远是满的，避免突然进冷水炸管及无水时大风掀翻太阳能热水器主机；水箱多胆结合，无需对接，安装方便。

③ 出水端单舱或者两舱有电辅助加热器，用户可根据用热水量控制水量，大大提高了电辅助加热的效率。

④ 克服了安装位置低，水压不够的问题。

⑤ 在冬天或者阳光不足时，会自动把前面水箱吸收的热量依次累加到末端水箱，随时有热水。

4. 双能源太阳能热水器

（1）电加热器系统　双能源太阳能热水器是一种采用太阳能和电能两种能源的一种热水器，其关键技术是电加热。

双能源太阳能热水器的电加热器系统由 3 部分组成：室内漏电保护器、连接线和水箱电加热器。电加热器采用"水电隔离"技术，而不是普通的电热管，电加热部分不接触水。

加热元件是用陶瓷芯、镍铬热丝，加热丝被固定在绝缘的陶瓷骨架中，设计为反复缠绕结构，不易跳脱。该元件被置入特制的加热炉（套筒）中，与加热炉内壁之间为空气绝缘层，加热炉内外壁涂有石英瓷釉层。整个系统具有多重绝缘层，加热丝和水永不接触，真正做到了水电分离。

电加热器系统的电路安全是通过以下三级保护来实现的：

① 主温控器。当水温达到 60 ℃时，切断电加热器。

② 过热保护温控器。若水温超过 60 ℃仍未停止工作，当水温达到 80 ℃时，过热保护温控器将自动切断电加热器。

③ 接地保护。漏电保护插头与室内三相插座相接，以防漏电。

（2）水箱　双能源太阳能热水器水箱采用了以下新技术：

① 采用陶瓷芯锦铅丝电加热器技术。

② 立体错位式蜂窝状陶瓷加热体。

③ 内嵌式镍铬电加热器丝，永不脱落。

④ 四重防护绝缘层将水电彻底分离。即立体陶瓷绝缘层技术、空气绝缘层技术、加热体内壁瓷釉绝缘层技术、加热体外壁瓷釉绝缘层技术。

双能源太阳能热水器水箱内胆采用的是 2 mm 厚的钢板（普通全玻璃真空集热管热水器的水箱内胆厚度是 0.6 mm），水箱内胆采用先进的焊接技术，焊缝均匀、无气泡，耐压强度超过 0.8 MPa/cm² ，可以承压使用。

双能源太阳能热水器的水箱内胆不仅自身的搪瓷可以防腐，而且在水箱内部安装有双镁棒，镁是金属元素中的活跃元素，它可以通过置换游离的铁离子，而起到保护水箱不被锈蚀的作用，大大延长水箱的使用寿命。

第三章 太阳能热水器的选购

一、几种品牌太阳能热水器的结构特点与产品规格

1. 海尔集团生产的太阳能热水器

（1）真空管式太阳能热水器　海尔集团生产的真空管式太阳能热水器，主要有6个系列产品，即佳和系列真空管式太阳能热水器、佳悦系列真空管式太阳能热水器、和沐系列真空管式太阳能热水器、和悦系列真空管式太阳能热水器、金海象系列真空管式太阳能热水器、和享系列真空管式太阳能热水器。

真空管数（支）：12、14、16、19、20、22、24、25、26、30等。

净容积（L）：110、125、130、150、170、175、185、188、200、222、230、270等。

电加热：有、无。

外观颜色：海尔红、海尔蓝、富贵金等。

主要产品型号：Q - B - J - 1 - 170/2.75/0.05 - D/I(NX)、Q - B - J - 1 - 170/2.75/0.05 - W/I(NX)、Q - B - J - 1 - 155/2.50/0.05 - D/I(NX)、Q - B - J - 1 - 166/2.75/0.05 - D/N 等。

几种海尔真空管式太阳能热水器的外形如图 3 - 1 所示。海尔真空管式太阳能热水器的结构特点见表 3 - 1。

(a) 151 L 和悦系列

(b) 170 L 佳悦系列

（c）188 L和沐系列　　　　　　（d）222 L佳和系列

图 3 - 1　几种海尔真空管式太阳能热水器的外形

表 3 - 1　海尔真空太阳能热水器的结构特点

特色零部件	示意图	结构特点
HG 水位水温传感器：高科智芯，精准测温		① 联手世界 500 强 GE 公司共同研发，荣获国家专利 ② 耐高温 PPS 密封材料，有效阻止渗水 ③ 导电电极为金属件，感应灵敏，不会碳化老化 ④ 增配有超国际标准 6 kV 防雷击设计
三效聚能管：三效聚能		① 三靶镀膜，升温提速 10% ② 纯铜反射膜，保温提升 25% ③ 不锈钢抗老化膜，不脱落、不变色，可使用 15 年
英格莱加热器：升温快速，洗浴更随心		① 优质英格莱加热棒，确保品质 ② 高效加热，升温较快 ③ 不锈钢表层防腐，卫生
鼎式抗风防腐支架：鼎式力学设计，抗风，稳固		① 多道科学工序处理，耐酸雨、抗氧化、坚固防腐 ② 采用力学原理，仿照四方鼎式平稳设计，受力更均匀，抗风更稳固，可耐 12 级大风 ③ 加厚镀锌钢板，镀锌层不易脱落使用寿命更长

(续)

特色零部件	示意图	结构特点
晶硅特护免焊工艺：防腐寿命长，适用各种复杂水质		① 部件接口处，采用特有晶硅材料进行特护处理，坚固防腐耐用 ② 经长达1年的海水防腐试验后，内胆仍完好如初，无任何渗水现象 ③ 尤其适合农村水质
智能控制系统：操控全智能		① LED液晶显示屏显示，美观大方 ② 精准水位水温一目了然，简单快捷 ③ 冬季可自动防冻，强制防冻 ④ 故障自动检索，并可及时发出警报 ⑤ 预约加热、预约上水

几种海尔真空管式太阳能热水器的主要技术参数见表3-2。

表3-2 几种海尔真空管式太阳能热水器的主要技术参数

系列名称	和悦系列	佳悦系列		佳和系列
产品型号	Q-B-J-1-151/2.49/0.05-D/N (150 L和悦系列真空管式太阳能热水器)	Q-B-J-1-170/2.75/0.05-W/I(NX) (170 L佳悦系列真空管式太阳能热水器)	Q-B-J-1-185/3.00/0.05-D/I(NX) (185 L佳悦系列真空管式太阳能热水器)	Q-B-J-1-222/3.26/0.05-W/K (222 L佳和系列真空管式太阳能热水器)
真空管数（支）	20	22	24	26
总容水量（L）	150	170	185	222
建议适用人数	3～4	3～4	4～5	5～6
有否电加热	有	否	有	否
智能控制器	选配	选配	选配	选配
外观颜色	富贵金	海尔红	海尔红	海尔蓝
外壳材质	亚光白彩板480	亚光白彩板460	亚光白彩板460	亚光白彩板480
内胆材质	食品级不锈钢	食品级不锈钢	食品级不锈钢	食品级不锈钢
支架材质	镀铝锌板	镀铝锌板	镀铝锌板	镀铝锌板
真空管规格	φ58 mm×1 800 mm高效管	φ58 mm×1 800 mm高效管	φ58 mm×1 800 mm高效管	φ58 mm×1 800 mm高效管

（续）

系列名称	和悦系列	佳悦系列		佳和系列
采光面积（m²）	2.49	2.75	3	3.26
水箱直径（mm）	480	460	460	480
支架安装角度（°）	50°	45°	45°	45°
额定功率（W）	1 500	—	1 500	—
电源（电压/频率）	220 V/50 Hz	—	220 V/50 Hz	—
外形尺寸（mm）	1 680×1 710×1 542	1 871×1 710×1 694	2 023×1 710×1 846	2 025×1 725×1 846

（2）平板式太阳能热水器　海尔集团生产的平板式太阳能热水器主要有 4 个系列产品，即领域系列别墅太阳能热水器、景致系列平板式太阳能热水器、景尚系列平板式太阳能热水器、景逸系列阳台平板式太阳能热水器。

安装方式：阳台式、屋顶式。

容积：80 L、100 L、150 L、180 L、200 L、300 L 等。

集热器类型：全铜管板、铜铝复合管。

主要产品型号：P－J－F－2－300/4.60/0.85－D1、P－J－F－2－300/4.60/0.85－S1、P－J－F－2－200/3.80/0.85－D3、P－J－F－2－200/3.80/0.85－D2 等。

几种海尔平板式太阳能热水器的外形如图 3－2 所示。

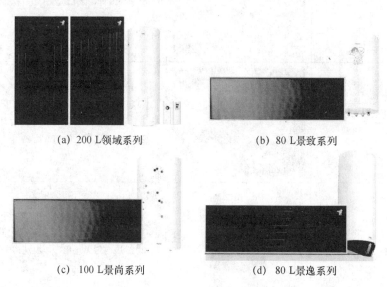

(a) 200 L领域系列　　　　　(b) 80 L景致系列

(c) 100 L景尚系列　　　　　(d) 80 L景逸系列

图 3－2　几种海尔平板式太阳能热水器的外形

海尔平板式太阳能热水器的结构特点见表3-3。

表3-3　海尔平板式太阳能热水器的结构特点

特色零部件	示意图	结构特点
蓝膜整板科技：国内能效认证，欧洲 Solar - Keymark 认证，澳洲 Water - Mark 认证，吸热率高达95％		① 德国进口蓝膜涂层，吸热率高达95％ ② 国际领先整板激光焊接，集热器效率高达78％以上
分体式设计：分体式设计，高层安装不受限		① 集热器与水箱分体，安全 ② 集热器安装于阳台上，融于建筑，完美一体
承压热水系统：热水量大		承压式设计，水量大
高强化低铁布纹玻璃：超强抗冲击		① 超强抗冲击，可抵御30 mm 直径钢球袭击，可承受1.2 t 小型汽车的质量 ② 耐撞、抗压、使用寿命长
专利360°换热技术：恒温洗浴		① 3D环绕立体加热，热效高、升温快 ② 加热均匀无死角，恒温洗浴

（续）

特色零部件	示意图	结构特点
双循环热交换技术：四季运行		① 无惧严寒，－40 ℃照常运行 ② 有效阻垢，防止内胆老化
智能控制系统：操控全智能		① LED 液晶显示屏显示，美观大方 ② 精准水位水温一目了然，简单快捷 ③ 冬季可自动防冻，强制防冻 ④ 故障自动检索，并可及时发出警报 ⑤ 预约加热、预约上水
全铜板芯设计：全铜材质，防腐耐用		① 维护水质 ② 防腐耐用，使用寿命长
专利金刚三层胆：抗爆、抗溶、抗酸，看得见的三层盔甲防护		① 搪瓷层，先进的搪瓷生产工艺，质量可靠 ② 密着层，使搪瓷深深渗入钢板内，附着力高 ③ 脱碳钢板层，加厚搪瓷专用钢板，使用寿命长

几种海尔平板式太阳能热水器的主要技术参数见表 3-4。

2. 山东皇明太阳能股份有限公司生产的皇明太阳能热水器　山东皇明太阳能股份有限公司生产的太阳能热水器主要有：金双腾系列、金剑系列、金冬冠系列、冬冠双舱系列、金品 190 系列、金双腾 190 系列、金悦 180 系列、阳台分体式系列、别墅分体式系列、无水箱系列等。品种齐全，可适用于别墅、多层、平房、高层等处安装太阳能热水器。

几种皇明金双腾系列太阳能热水器的技术参数见表 3-5。

表 3-4　几种海尔平板式太阳能热水器的主要技术参数

系列名称	领域系列	景致系列	景尚系列	景逸系列
产品型号	(P-J-F-2-200/3.80/0.85-D3)（200 L 领域系列别墅太阳能热水器）	(P-J-F-2-80/1.60/0.75-VE-A3)（80 L 景致系列平板式太阳能热水器）	(P-J-F-2-100/1.85/0.75-VW-B2)（100 L 景尚系列平板式太阳能热水器）	P-J-F-2-80/1.80/0.75-VW-C1（80 L 景逸系列阳台平板式太阳能热水器）
安装方式	屋顶式	阳台式	阳台式	阳台式
集热器类型	蓝膜整板集热器	蓝膜整板集热器	黑膜条带集热器	全铜管板
集热器的出口位置	—	东	西	西
净容积（L）	200	80	100	80
外观颜色	白色	灰色	白色	白色
外壳材质	铝合金	铝合金	铝合金	彩板
内胆材质	金刚三层胆	金刚三层胆	金刚三层胆	搪瓷碳钢板
水箱保温材料	40 mm 玻璃棉	40 mm 玻璃棉	40 mm 玻璃棉	聚氨酯发泡
采光面积（m^2）	3.8	1.6	1.85	1.8
额定功率（W）	2 500	1 500	1 500	2 500
电源（电压/频率）	220 V/50 Hz	220 V/50 Hz	220 V/50 Hz	220 V/50 Hz
集热器尺寸（mm）	2 000×1 000×80	2 250×800×80	2 000×1 000×80	2 554×782×80
储水箱外形尺寸（mm）	ϕ600×638	ϕ492×885	ϕ462×1 086	ϕ492×958

3. 山东力诺瑞特新能源有限公司生产的力诺瑞特太阳能热水器　山东力诺瑞特新能源有限公司是由中国力诺集团与德国 Paradigma 公司共同投资成立的中外合资的，太阳能光热利用综合性企业，具备年产 500 万台太阳能热水器和 200 万 m^2 太阳能集热器的生产能力。太阳能热水器的型号较多，主要有：大小子母机、欧尚之星系列、泉韵系列、热力奔腾系列、热力卫士系列、康悦系列、康钛系列、热力传奇系列、阳光佳园系列、金莱茵系列、阳光新锐系列、阳光新生代系列、阳光新贵系列、热力先锋系列、热力精灵系列等。

用于高层或别墅的太阳能热水器主要有：悦享系列（平板式）、博瑞系列（一体机）、欧博士系列（分体式）、新悦系列（真空管式）等。

几种力诺瑞特太阳能热水器的外形如图 3-3 所示。几种力诺瑞特太阳能热水器的技术参数见表 3-6。

表 3-5　皇明金双腾系列太阳能热水器的技术参数

真空管支数（支）	水箱尺寸（mm） 内径	水箱尺寸（mm） 外径	容水量（L）	外形尺寸（东西×南北×高度，mm）	保温层厚度（mm）	真空管配置	颜色	安装角度与方法
12			175	1 560×1 826×2 085				
14			200	1 780×1 826×2 085				
16			230	2 000×1 826×2 085				
18			255	2 220×1 826×2 085				50°、平置
20			285	2 440×1 826×2 085				
26			365	3 100×1 826×2 085				
12			175	1 560×2 192×1 585				
14			200	1 780×2 192×1 585				
16	φ415	φ550	230	2 000×2 192×1 585	67.5	2.1 m 长，聚光膜式真空管	金亮黄	33°、平置
18			255	2 220×2 192×1 585				
20			285	2 440×2 192×1 585				
26			365	3 100×2 192×1 585				
12			175	1 560×2 067×1 954				
14			200	1 780×2 067×1 954				
16			230	2 000×2 067×1 954				45°、屋脊
18			255	2 220×2 067×1 954				
20			285	2 440×2 067×1 954				
26			365	3 100×2 067×1 954				

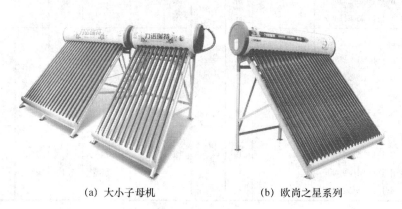

(a) 大小子母机　　　　　(b) 欧尚之星系列

（c）阳光佳园系列　　　　　（d）悦享系列（平板式）

图 3-3　几种力诺瑞特太阳能热水器的外形

表 3-6　几种力诺瑞特太阳能热水器的技术参数

| 系列名称 | 产品型号 | 真空管 | | | | 水　箱 | | | | | 支架 | 能效等级 |
		管长(mm)	管径(mm)	支数(支)	地面夹角	标称容量	保温材料	内胆材料	外桶规格(mm)	外桶材料		
欧尚之星系列	Q-B-J-1-150/2.38/0.05	1 900	φ58	18	50°	150	聚氨酯	SUS 304-28 食品级不锈钢	φ480	瓷白色彩涂板	铝型材	1级
	Q-B-J-1-165/2.65/0.05			20		165						
	Q-B-J-1-195/3.20/0.05			24		195						
	Q-B-J-1-240/4.00/0.05			30		240						
	Q-B-J-1-285/4.80/0.05			36		285						
泉韵系列	Q-B-J-1-135/1.99/0.05	1 800	φ58	16	50°	135	聚氨酯	SUS 304-28 食品级不锈钢	φ480	瓷白色彩涂板	铝型材	1级
	Q-B-J-1-150/2.24/0.05			18		150						
	Q-B-J-1-165/2.49/0.05			20		165						
	Q-B-J-1-195/3.00/0.05			24		195						
	Q-B-J-1-240/3.75/0.05			30		240						
	Q-B-J-1-285/4.51/0.05			35		285						
热力奔腾系列	Q-B-J-1-125/2.01/0.05	1 800	φ58	16	50°	125	聚氨酯	SUS 304-28 食品级不锈钢	φ460	瓷白色彩涂板	铝型材	1级
	Q-B-J-1-141/2.26/0.05			18		141						
	Q-B-J-1-155/2.52/0.05			20		155						
	Q-B-J-1-185/3.03/0.05			24		185						
	Q-B-J-1-225/3.79/0.05			30		225						
热力卫士系列	Q-B-J-1-110/1.54/0.05	1 600	φ58	14	50°	110	聚氨酯	SUS 304-28 食品级不锈钢	φ460	瓷白色彩涂板	铝型材	1级
	Q-B-J-1-125/1.77/0.05			16		125						
	Q-B-J-1-141/1.99/0.05			18		141						
	Q-B-J-1-155/2.22/0.05			20		155						

4. 山东桑乐太阳能有限公司生产的桑乐太阳能热水器　山东桑乐太阳能有限公司主要生产直插式和分体式太阳能热水器。其中，直插式太阳能热水器主要有：铂金、华冠、数字化、华美、华彩、小康、红海、蓝海、钻石等产品。分体式太阳能热水器主要有：双能源储热水箱、热能效魔力平板、强力100AL、强力100BL等产品。

产品的主要特点：

① 结构。新型水箱结构，超低散热，能效值高。

② 外壳。新型进口滚涂印刷彩板，质感佳，涂层均匀、细腻。

③ 高效防腐内胆。加粗内胆，超大水量；不锈钢材质，内胆卫生，水质清洁。辊轧一次成型无焊缝，辊压式多层咬合技术。

④ 多靶高标管。多重吸收，多重制热，产热能力强劲；特有工艺处理，抗高寒高热。

⑤ 高效保温系统。进口发泡机，360°聚氨酯立体恒温发泡绿色技术，经国家实验室严格检测，保温节能效果好。

⑥ 支架。采用优质镀锌板材，独特构造设计，增强了支架的稳固性牢固性，全免焊结构，多重防腐稳固保障；采用空气动力学原理和工程力学结构，稳固耐用，抗风雪能力强。

⑦ 仪表。水位水温显示，水位水温设置，自动上水，时间显示，两次预约上水，两次预约电热，按键上水，按键电热，自动防冻，强制防冻，漏电保护，满水保护，断电记忆，水泵驱动。

几种桑乐太阳能热水器的外形如图3－4所示。

(a) 铂金A级　　　　(b) 高效华彩王　　　　(c) 超级数字化系列

图3－4　几种桑乐太阳能热水器的外形

几种桑乐太阳能热水器的技术参数见表3－7。

表 3-7　几种桑乐太阳能热水器的技术参数

产品名称	产品型号	轮廓采光面积 (m²)	容水量 (L)	外形尺寸 (长×宽×高，mm)	真空管数 (支)	集热器夹角	内胆材料	外壳材料	支架材料	保温材料	真空管规格
铂金A级	QBJ1-140/1.96/0.05	1.96	140	1 276×2 100×1 607	14	36°	SUS304	新型进口滚涂印刷彩板	优质镀锌板材	360°聚氨酯	φ58 mm×1.92 m
	QBJ1-160/2.24/0.05	2.24	160	1 436×2 100×1 607	16						
	QBJ1-180/2.53/0.05	2.53	180	1 596×2 100×1 607	18						
	QBJ1-200/2.82/0.05	2.82	200	1 756×2 100×1 607	20						
	QBJ1-240/3.11/0.05	3.11	240	2 076×2 100×1 607	24						

5. 北京四季沐歌太阳能技术集团有限公司生产的四季沐歌太阳能热水器

北京四季沐歌太阳能技术集团有限公司生产的太阳能热水器主要有：金瑜伽系列、飞龙星系列、腾龙金刚系列、欢享系列、城居系列、怡·景系列、尊御系列、尊·享系列、分·享系列、筝系列等。

产品的主要特点：

① 新鲜热水。"活水芯"技术，瞬时加热，热能即时转换。

② 航天双热。采用航天双热技术，实现了集热系统和保温系统的双重突破，热水更充沛。

③ 无氟无害、健康环保。采用绿色无氟发泡推出诺环盾（N—ODP）技术，不但对人体没有任何伤害，而且保护了臭氧层。

④ 承压设计、恒温出水。承压设计，阀门一开就有压力热水，出水强劲；新一代恒温阀，实现温度自由设置，确保恒温出水。

几种四季沐歌太阳能热水器的外形如图 3-5 所示。

(a) 金瑜伽系列　　　　(b) 飞龙星系列　　　　(c) 腾龙金刚系列

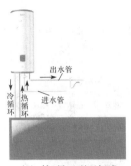
(d) 怡·景系列平板式

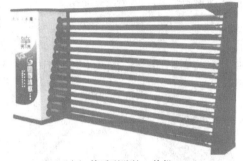
(e) 筝系列壁挂一体机

图 3-5　几种四季沐歌太阳能热水器的外形

几种四季沐歌太阳能热水器的技术参数见表 3-8。

表 3-8　几种四季沐歌太阳能热水器的技术参数

系列名称	产品型号	轮廓采光面积 (m²)	容水量 (L)	外形尺寸 (长×宽×高, mm)	真空管数 (支)	集热器夹角	内胆材料	外壳材料	支架材料	保温材料	真空管规格
金瑜伽系列	QBJ1-274/1.86/0.05	1.86	274	1 276×2 100×2 570	30	50°(北方) 35°(南方)	SUS304-2B 食品不锈钢	彩钢板	镀锌板喷塑	进口聚氨酯添加绿色无氟发泡材料	φ58 mm× 2.1m
	QBJ1-326/2.09/0.05	2.09	326	1 436×2 100×2 570	36						

6. 太阳雨太阳能集团有限公司生产的太阳雨太阳能热水器　太阳雨太阳能集团有限公司生产的太阳能热水器主有要：保热墙·能系列、容悦系列、清悦系列、名秀系列、保热墙·龙系列、节能王子系列、禧福系列、喜跃系列、智品系列、智享系列、智悦系列等产品。

产品的主要特点：

① 通过严格的温度容积智能复合计算程序实验，解决太阳能热水器有效得热量和热损不平衡问题，能效达到国家 1 级。

② 精准调配集热面积与产品的整体比例，达到最佳集热面积，搭配独有的"南极管"技术，能量更多聚集，能效显著提升，热水更多、更快。

③ 系统控制，独有"呼吸阀"上排气专利技术，可根据水箱内水温自动调节排气，下置式多杆式探头搭配保温防脱模块，实现与水箱的一体设计，搭配保热墙系统专利保温技术，实现产品容积、保温性能和集热面积的最优配比，按需调节。

④ 双弧"中国龙"型支架搭配凹形镀锌板拉伸工艺端头盖设计，符合流体力学的外观设计。

⑤ 人性化智能仪内置智能光温平衡系统，实现水温控制、自动上下水等诸多功能。

几种太阳雨太阳能热水器的外形如图 3-6 所示。

| (a) 保热墙·能系列 | (b) 容悦系列 | (c) 清悦系列 |

图 3-6 几种太阳雨太阳能热水器的外形

几种保热墙·能系列太阳雨太阳能热水器的技术参数见表 3-9。

表 3-9 几种保热墙·能系列太阳雨太阳能热水器的技术参数

产品名称	真空管数（支）	产品型号	能效等级	有否电加热	安装角度	水箱直径（mm）	箱身颜色	支架颜色	真空管配置
保热墙·能 210	22	Q-B-J-1-205/3.09/0.05-11	1级	有	45°	550	珠光白	酒红磨砂	南极管
	26	Q-B-J-1-240/3.65/0.05-11	1级	有		550	珠光白	酒红磨砂	南极管
保热墙·能 200	18	Q-B-J-1-150/2.38/0.05-10	1级	有	45°	520	珠光白	酒红磨砂	南极管
	20	Q-B-J-1-165/2.65/0.05-10	1级	有		520	珠光白	酒红磨砂	南极管
	24	Q-B-J-1-200/3.19/0.05-10	1级	有		520	珠光白	酒红磨砂	南极管
	30	Q-B-J-1-250/3.99/0.05-10	1级	有		520	珠光白	酒红磨砂	南极管
保热墙·能 180	18	Q-B-J-1-140/2.15/0.05-10	1级	有	35°	500	珠光白	酒红磨砂	南极管
	20	Q-B-J-1-155/2.40/0.05-10	1级	有		500	珠光白	酒红磨砂	南极管
	22	Q-B-J-1-170/2.64/0.05-11	1级	有		500	珠光白	酒红磨砂	南极管
	24	Q-B-J-1-185/2.88/0.05-10	1级	有		500	珠光白	酒红磨砂	南极管
	26	Q-B-J-1-200/3.12/0.05-11	1级	有		500	珠光白	酒红磨砂	南极管
	30	Q-B-J-1-225/3.61/0.05-10	1级	有		500	珠光白	酒红磨砂	南极管
	18	Q-B-J-1-120/2.15/0.05-10	1级	有	45°	475	珠光白	酒红磨砂	南极管
	20	Q-B-J-1-135/2.40/0.05-10	1级	有		475	珠光白	酒红磨砂	南极管
	24	Q-B-J-1-160/2.88/0.05-10	1级	有		475	珠光白	酒红磨砂	南极管
	30	Q-B-J-1-195/3.61/0.05-10	1级	有		475	珠光白	酒红磨砂	南极管

（续）

产品名称	真空管数（支）	产品型号	能效等级	有否电加热	安装角度	水箱直径（mm）	箱身颜色	支架颜色	真空管配置
保热墙·能160	18	Q-B-J-1-120/1.90/0.05-10	1级	无	45°	475	珠光白	酒红磨砂	南极管
	20	Q-B-J-1-135/2.11/0.05-10	1级	无		475	珠光白	酒红磨砂	南极管

7. 江苏辉煌太阳能股份有限公司生产的辉煌太阳能热水器 江苏辉煌太阳能股份有限公司主要生产：光电互补型、智能型、管道排空式太阳能热水器、高效能太阳热水系统、全自动太阳能热水器、分体式太阳能热水器、平板式太阳能热水器等产品。其中，真空管式太阳能热水器主要有：防垢系列、智芯系列、乐水系列、新乐水系列、特供机系列等；平板式太阳能热水器主要有：尚品分体式、领美阳台式等。

产品的主要特点：

① 独具闪热管，领先的多层镀膜工艺，特别添加金属离子，快速集热。

② 内胆采用进口加厚食品级 SUS304-2B 不锈钢，水质清洁；水箱钢板外壳耐磨白涂层，质感细腻，确保多年不腐蚀。

③ 国际领先的发泡工艺，高压一次成型，恒温熟化，形成热量储存舱。

④ 优质钢板材料，采用先进的静电喷涂工艺，防腐耐用；巧用力学原理，支架弧形设计，承重性好，确保主机稳固。

⑤ 进口无氟发泡材质，立体保温工艺，储热不散失，昼夜温差微小。加厚保温层，不惧严寒冰冻，冬季严寒地区使用，保温对比效果更明显。

⑥ 安全的光电互补技术，实现阴雨雪天四季无间断热水供应。进口电加热技术，具有防触电、防漏电双重安全保护；辉煌一键全自动创新科技，实现水温显示，自动上水等15项功能。

几种辉煌太阳能热水器的外形如图3-7所示。几种辉煌太阳能热水器的技术参数见表3-10。

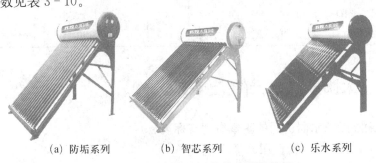

(a) 防垢系列　　　(b) 智芯系列　　　(c) 乐水系列

图3-7 几种辉煌太阳能热水器的外形

表 3-10　几种辉煌太阳能热水器的技术参数

系统名称	型号简称	水箱（mm）		容水量（L）	保温层（mm）	采光面积（m²）	真空管配置	外箱颜色	支架颜色
		内径	外径						
防垢	EB2-16D	φ340	φ450	112	55	1.8	防垢管	珍珠白	中国红
	EB2-18D	φ340	φ450	127	55	2	防垢管	珍珠白	中国红
	EB2-20D	φ340	φ450	142	55	2.3	防垢管	珍珠白	中国红
	TA2-16D	φ400	φ500	158	50	2.2	防垢管	珍珠白	中国红
	TA2-18D	φ400	φ500	175	50	2.4	防垢管	珍珠白	中国红
	TA2-20D	φ400	φ500	195	50	2.7	防垢管	珍珠白	中国红
	TA2-26D	φ400	φ500	252	50	3.5	防垢管	珍珠白	中国红
	TA2-30D	φ400	φ500	290	50	4.1	防垢管	珍珠白	中国红
智芯	EA-16	φ340	φ450	112	55	1.82	紫芯管	珍珠白	中国红
	EA-18	φ340	φ450	127	55	2.05	紫芯管	珍珠白	中国红
	EA-20	φ340	φ450	142	55	2.30	紫芯管	珍珠白	中国红
	EA-16D	φ340	φ450	112	55	1.82	紫芯管	珍珠白	中国红
	EA-18D	φ340	φ450	127	55	2.05	紫芯管	珍珠白	中国红
	EA-20D	φ370	φ450	142	55	2.30	紫芯管	珍珠白	中国红
	HEA-16	φ370	φ470	135	50	2.1	紫芯管	珍珠白	中国红
	HEA-18	φ370	φ470	150	50	2.3	紫芯管	珍珠白	中国红
	HEA-20	φ370	φ470	165	50	2.6	紫芯管	珍珠白	中国红
	HEA-16D	φ370	φ470	135	50	2.1	紫芯管	珍珠白	中国红
	HEA-18D	φ370	φ470	150	50	2.3	紫芯管	珍珠白	中国红
	HEA-20D	φ370	φ470	165	50	2.6	紫芯管	珍珠白	中国红
	HEA-24D	φ370	φ470	200	50	3.1	紫芯管	珍珠白	中国红
	HEA-26D	φ370	φ470	215	50	3.4	紫芯管	珍珠白	中国红
	HEA-30D	φ370	φ470	245	50	3.9	紫芯管	珍珠白	中国红

二、太阳能热水器的选购技巧

1. 太阳能热水器选用的基本原则与标准

（1）太阳能热水器选用的基本原则

① 居住区域。不同的居住区域，应选用性能不同的太阳能热水器。一般

南方温暖地区所有形式的热水器都可以使用，但在北方地区就得考虑冬季结冰的问题。所以南方地区可优先选用平板式太阳能热水器。北方冬季易结冰地区则宜选用真空管式太阳能热水器。诸如东北、内蒙古、新疆等高寒地区，可优先选用热管式真空管太阳能热水器，但如果只在春、夏、秋季使用热水，则可使用任何一种类型的热水器。

② 建筑形式。平房住户一般可选用整体式太阳能热水器，热水器的支架有平屋顶和坡屋顶之分，要根据建筑屋面形式进行选择。对于多层住宅楼，如果屋顶预留有太阳能热水器的安装位置和管道井，可安装整体式太阳能热水器，否则可选用阳台壁挂分体式太阳能热水器。对建筑外观和用水舒适度要求较高的别墅等高档住宅，可优先选用别墅型分体式太阳能热水器。

③ 热水用量。太阳能热水器的容量各不相同，选用时可依据使用人数推算大致的热水用量。正常情况下，家庭成员淋浴一次，需要使用热水 40 L 左右，如一个三口之家，平均每日热水用量大致在 100～140 L，可考虑选用一台容量为 120 L 的太阳能热水器，如果家里有浴盆或热水用水点比较多，可适当加大热水器的规格。

④ 价格因素。目前市场上不同类型、不同品牌、不同材质的太阳能热水器的价格差异比较大，在选用时应根据购买能力，结合实际情况选择。如南方地区，平板式热水器就比真空管式热水器的性价比高，注重经济性的用户可优先选用平板式热水器。如果是同样规格和性能的真空管式热水器，选择铝合金支架要比选择不锈钢支架更经济。

⑤ 产品质量。在选购太阳能热水器时，应优先选择符合国家标准、相关手续齐全的产品。产品的外观应无损伤、水箱保温良好、集热管真空无泄漏、集热器支架稳固美观、配件齐全，合格证书、使用说明书、保修卡齐备，并且生产厂家可对产品实行三包服务。带电辅助加热的太阳能热水器还必须有国家3C 强制性认证证书。

⑥ 售后服务。由于太阳能热水器使用周期比较长，在使用过程中难免出现这样那样的问题，所以购买之前一定要进行考察了解，选用信誉好，售后服务有保障的品牌，最好选择在当地有服务网点的厂家的产品。

目前我国的太阳能热水器厂家众多，产品质量良莠不齐，如果购买杂牌厂家的产品，运行中出现问题，往往不能得到厂家及时的维修服务或找不到生产厂家，而影响使用。

(2) 选购太阳能热水器的几个标准 选购太阳能热水器注重以下标准：

① 耐用标准。太阳能热水器的材料、技术、工艺不同，使用寿命也不一样，有使用 3～5 年的，也有能用十几年的。作为放在屋顶的热水供应设施，

太阳能热水器的新旧丝毫不影响居室的美观程度，不用担心更新换代的问题。所以买的时候要考虑长远，性能、规格、功能都要想周全。

② 集热标准。真空集热管是太阳能热水器的心脏，真空集热管集热能力的强弱是衡量热水器性能优劣的重要标志，也是影响热水器供热水量的重要因素。

太阳能热水器的核心技术在于真空集热管，而真空集热管的核心技术在于镀膜技术。目前国际领先水平的镀膜层都采用干涉镀膜技术，而市场上很多厂家沿用的仍然是以前的渐变镀膜技术，渐变膜的吸收比为 0.8～0.88，而发射比却为 0.07～0.13；干涉膜吸收比为 0.94～0.98，发射比为 0.03～0.06。所以，在同样的光照条件下，干涉膜真空集热管比渐变膜真空集热管的集热能力提高了 11％ 以上。镀膜层直接决定太阳能热水器的使用效果和使用寿命，因为真空集热管的切割是在高温 800～1 000 ℃ 时切割的，如果切割时和镀膜层相隔太近，没有耐高温的镀膜层和非常好的切割技术，镀膜层肯定会烤焦或者损害，所以一般生产厂家只好留长一点空白层，但是这样的真空集热管开始一两年还可以，时间长了集热效果肯定下降。夏天真空集热管的水温可达 90～100 ℃，特别是在真空集热管空晒时，温度可高达 300～400 ℃，真空集热管里的水长期在高温下，如果镀膜层不能耐高温，这对镀膜层肯定是有影响的。

采用三靶镀膜技术的真空集热管，真空度达到 10^{-5} Pa，十几年后性能几乎不衰减。一般真空集热管采用保温瓶胆的标准来检验，真空度只有 10^{-1}～10^{-2} Pa，3～5 年后既不吸热也不保温，只有装水的作用。

③ 保温、耐腐标准。储水箱是太阳能热水器的"热水仓库"，它的性能优劣主要体现在保温效果上：好的保温层采用优质原材料及全自动恒温高压定量发泡保温工艺，并经高温熟化处理，保温性能高且稳定持久。劣质保温层采用普通原材料和手工发泡工艺，发泡不均匀，未经高温熟化处理，2～3 年后性能急剧下降。

在没有太阳辐照的情况下（夜间或阴雨天），太阳能热水器将向外界释放热量，即热量损失，主要通过两种途径损失热量：水箱散热；真空集热管散热。降低水箱散热的主要方法是对水箱采取保温措施，保温性能的好坏与保温材质的厚度没有直接关系，而与保温材料的发泡密度、泡孔闭孔率的技术参数有直接关系。

水箱内胆的材质应选用优质 SUS304 不锈钢，SUS304 不锈钢含铬、镍高，坚固耐用，耐腐蚀能力更强。水箱内胆长年累月被水浸泡，如果防腐性能不好，容易生锈腐蚀，漏水，使用寿命就会很短。好的不锈钢，铬、镍的含量能达到 7％～10％，所以防腐能力强，不容易生锈，而劣质的不锈钢成本低，铬、镍含量只能达到 $1\% \sim 2\%$，甚至根本就没有，所以使用上一两年后就很容易生锈。

水箱内胆的焊接工艺也很关键，如果焊接工艺不好，采用手工焊接，不能控制焊接的速度和时间，焊缝处要么过焊，高温下容易被氧化，容易腐蚀，要么焊不透，容易开缝，造成漏水。品牌太阳能热水器企业都采用自动氢弧焊接，焊接时有氧气保护，焊缝紧密牢固，使用寿命长久。

④ 智能标准。普通太阳能热水器在热水量、智能化控制程度、运行费用、用水安全等方面无法满足现代家庭使用热水的需求。理想的太阳能热水器不仅要能解决普通太阳能热水器、燃气热水器、电热水器不能解决的问题，而且要满足人们对大水量、智能化、即时热水的需求。

⑤ 耐寒标准。冬季太阳光照弱，光照时间短、温度低、温差大，热水需求量大，是考验太阳能热水器性能的关键时期。保温材料的好坏直接关系着热效率和晚间清晨的使用，在寒冷的东北地区尤其重要。目前，较好的保温方式是采用优质的聚氨酯保温材料。

随着真空集热管干涉镀膜技术的发明，使高真空集热管的集热性能大大提高，再加上全自动恒温高压定量发泡保温工艺的应用（须经高温熟化处理）、周全严密的室外管道保温防冻措施，使太阳能热水器在冬天、阴雨天都能使用。

⑥ 配件标准。太阳能热水器是一个供热水的系统，好的主机还需要好的辅机和配件配合使用才能达到良好的使用效果。

2. 太阳能热水器容量与类型的选择

（1）太阳能热水器容量的选择　选择太阳能热水器首先要确定其容量，即水箱容积。

选择一个适合的容量非常重要，一方面可以满足家人使用热水的需求，另一方面不致使太阳能热水器水箱中的水长时间用不完而引起水质变差。我国大多数地区属于太阳能较丰富的地区。平均每年可用太阳能的天数约在 75% 以上，如果按每人 40 L 计算，一般不需辅助电加热器。

在选购太阳能热水器时，还应考虑到家中常住人口数量，以确定所购买太阳能热水器水箱容量的大小。另外，很多太阳能热水器产品标称的容水量是通过计算每根真空集热管的容量和水箱内胆容量相加计算出来的，但在太阳能热水器出水口以下及真空集热管内的水是无法放出来使用的，用户真正能使用到的水仅仅是水箱入水口和溢流口之间的水量，所以在选购时应问清楚，所标称的容水量指的是全部的容水量还是实际能使用的容水量，两者相差多少。

一般家庭洗浴用水量按男 30 L、女 40 L 估算，若家庭用水包括厨房在内，则可按人均用水量 40 L 估算用水总量。在选购时，将"家庭人数×40 L"就是所需的用水总容量。不过，消费者最好将容量选购得稍微大些，比如三口之家可以选择 120～140 L。如果家庭的其他生活热水（除洗澡以外）用量较大的话，还可以考虑选购容量更大的太阳能热水器。

一般一个人淋浴时间大概为 15 min，需用水 40 L 左右，但是还要考虑平日可能用于洗手、洗衣服、洗脸等，如果有浴缸，一般的浴缸至少用水 150 L，那么要购买的太阳能热水器容量为 40 L×人数＋150 L。

太阳能热水器产热水量的计算方法是将真空集热管的"长×宽"就能得到太阳能热水器的集热面积，每平方米集热面积在夏季一天能产生 40 ℃以上热水 80～100 L，春秋两季 60～70 L，冬季 40～50 L。

（2）太阳能热水器类型的选择　太阳能热水器的品种繁多，应根据经济条件、应用要求选择合适类型的太阳能热水器。类型选择的基本原则如下：

① 经济条件较差可选择闷晒式太阳能热水器（太阳能热水袋）。一般家庭可选用 50 L 的太阳能热水袋（图 3-8）；集体宿舍可选用多个太阳能热水袋（图 3-9）；旅行者可选用小型太阳能热水袋（图 3-10）。

图 3-8　一般家庭选用的太阳能热水袋

图 3-9　集体宿舍选用的多个太阳能热水袋

②　经济条件一般可选择真空管式太阳能热水器。真空管式太阳能热水器发展历史悠久，有多种品牌，一般用户可选择普通型的真空管式太阳能热水器，亦可选择带智能控制的真空管式太阳能热水器。

③　经济条件较好的可选择分体式太阳能热水器。对于高层建筑用户，由于屋顶不宜安装太阳能热水器，可选择壁挂式阳台太阳能热水器（分体）。对于平房、别墅用户，可选择分体式太阳能热水器。

（3）落水式与顶水式太阳能热水器的选择　就用水方式来说，目前市场上太阳能热水器主要有两大类：一是热管承压式太阳能

图 3-10　旅行者选用的小型太阳能热水袋

热水器，一是全玻璃真空管落水式太阳能热水器，消费者在购买时很难区别。从使用及经济角度来说，建议使用全玻璃真空管落水式太阳能热水器。

①　落水式太阳能热水器。落水式太阳能热水器是指太阳能热水器的水自然落入热水管道，直到热水用完后冷水才会自动进入到水箱中，水满后自动停止。

优点：

a. 出水压力较小。

b. 不会造成混合和热交换，不用经常启用电加热。

c. 在冬天只靠阳光就可以每天洗热水澡。

d. 采用全玻璃真空管，使用寿命长，一般为 15 年。

缺点：

a. 出水靠落差，即落差要大。如果楼顶与出水点的距离小于 6 m 的话，出水压力不大。

b. 对上水时间有限制，如不能中午高温时上水。

②　承压式太阳能热水器。承压式太阳能热水器是指一边上水，一边用进来的冷水将热水顶出水箱进入热水管道。承压式太阳能热水器亦称顶水式太阳能热水器。

优点：

a. 出热水的同时冷水随时往水箱中补充。

b. 出水压力同自来水的压力相同。

缺点：

a. 较费电。冬天，太阳能热水器的水温一般只能达到 40～50 ℃，而洗浴

的温度要在 45℃左右，由于冷水和热水在水箱中要进行混合和热交换，使水箱中的水温下降很快，低于洗浴的温度。为了能够满足用水，只有经常启用电加热来加温，因此较费电。

b. 采热片易损坏。承压式太阳能热水器采用热管加热，管中不走水，利用传输介质导热，采热片在水箱中的触头温度非常高，若水的碱性大，容易结水垢，很快会降低热效能，甚至烧毁采热片。

c. 热管设计使用寿命较短。其国家标准设计使用寿命为 10 年。

综上所述，从经济和实用性来说，由于太阳能热水器对水的加热只能白天进行，白天产生的热水在用光或停止使用后再加水，可以防止水温下降，所以在自来水压力不太正常的情况下，还是选用落水式的太阳能热水器较好。

（4）平板式与真空管式太阳能热水器的选择 在选择平板式太阳能热水器还是真空管式太阳能热水器之前，应了解这两者的各自特点，可以从以下 5 个方面进行比较。

① 收集能量。在光热转换率（吸收率）方面玻璃真空管一般可达 93%～96%，平板式可以达到 85%～93%，但在发射率方面，真空管一般在 6%～8%，平板在 8%～15%，真空管稍优于平板，但由于平板式集热器的实际集热面积大于真空管式集热器，所以在同等辐射面积下，效果没有什么差别。

② 保温效果。真空管是真空隔热，保温效果好，平板铜铝件面积大，由于无法抽真空，板内对流比较严重，一般来讲，平板的保温效果要比真空管差，考虑散热速率等各因素影响后，玻璃真空管总体集热效率达 70%，平板式集热效率为 60%，这一点，在气温比较低的地区尤为明显。由于保温差，放置于露天的平板式集热器在严寒气候下板芯温度极易降到 0℃以下，如果此时板内充满水，极易造成冻裂损毁事故。所以我国在广东以北地区的工程中很少使用平板式太阳能集热器。

③ 使用寿命。平板采用铜、铝等金属制造，这些金属与水接触，容易被腐蚀，且易结垢，尤其在水质比较差的地方。真空管为玻璃器件，不会被腐蚀，不易结垢。实践证明，真空管使用 10 多年后，底部有一些泥沙沉淀，经清洗后，可以继续使用，集热效果基本不变。平板式集热器在使用 3 年以后，由于内部结垢，集热效果逐步下降。预防和解决的方法是采用过滤器过滤进水，定期（比如 2 年）用除垢剂对平板进行除垢，这样可以延长平板式集热器的使用寿命。两者比较，平板式集热器的使用寿命比较短。

④ 强度。平板式太阳能集热器显示了极大的优势。首先装配钢化玻璃的平板式集热器不怕摔、压，运输过程中破损率极低。而真空管在运输中易破损的缺点非常突出。其次平板式集热器在空晒时遇到冷水不会炸裂，而真空管式

集热器在自动运行中容易炸裂，造成系统无法正常工作。

⑤ 维护。平板式集热器是整体安装，一旦漏水、堵塞，修复比较困难，一般采用整块更换的办法，成本达几百元以上，修理的工艺也比较复杂。而真空管损坏后更换比较容易，成本只有几十元，更换过程简单易行。平板集热器强度好，不怕冷热冲击，损坏率小，所以工程维护工作量比真空管小。

综合以上几点，给出的建议是：

① 在环境温度较高的地区，即最低温度在 0 ℃以上，且水质较好地区，选用平板式集热器。温度较低地区，选用真空管式集热器为好。

② 在温度较高地区，平板和真空管部可以使用时，若维修较方便，选用真空管，维修困难的（比如维修地点很远）尽量选用平板，这样系统比较可靠，故障较少。

3. 太阳能热水器的部件选择

（1）太阳能热水器真空管的选择　太阳能热水器真空管有普通真空管、三高真空管、三高紫金真空管。

① 普通真空管。普通真空管即全玻璃真空管，由内玻璃管、太阳选择性吸收涂层、真空夹层、玻璃管罩、支撑件（弹簧卡子）、吸气剂等部分组成。一般为白色，膜层里层为铝。

普通真空管有普通黑管与普通蓝管之分。

② 三高真空管。三高真空管中的"三高"是指耐高温、抗高寒、高效吸收。三高真空管与普通真空管的区别在于吸热膜层不一样（吸热膜层是真空管的关键部位）。三高真空管是干涉膜，普通真空管是渐变膜。

三高真空管超吸收，热效高，升温快，在同样的光照条件下，比普通真空管能出更多更高水温的热水；热损很少，在高寒环境下仍能正常工作，−30 ℃照常出热水；膜层在 400 ℃条件下不老化、不衰减、不变色。

③ 三高紫金真空管（简称紫金管）。三高紫金真空管是在三高真空管的基础上再次升级，采用硼硅玻璃为材料，膜层内含有多种漫反射稀有金属物质，保证太阳能量的快速吸收，膜层高温抗氧化能力优于三高真空管。

用肉眼在无阳光下看，普通真空管和三高真空管外表是暗蓝色的，紫金真空管外表是暗黑色的。在阳光下从管内看，普通真空管偏蓝，三高真空管偏红，紫金真空管非常红。

对于经济条件一般的用户，或长江流域、黄河流域，可选用普通真空管。

对于经济条件较好的用户，或偏南、偏北方地区，应尽量选用三高真空管或三高紫金真空管。

（2）太阳能真空管支数的选择　水箱的容量和真空管的数量有一定的比例关系，但不是每支都对应 10 L 水。真空管的数量直接决定了太阳能热水器的集热面积，同时，不同质量和效率的真空管在相同的集热面积时，所对应的水箱容量也不相同，各厂家所推出的各种型号的太阳能热水器都是经过反复试验才定型的。

一般情况下，每根真空集热管可加热 50 ℃以上热水 6.5 L，根据家庭人口数和习惯洗浴用水量就可估算出所需太阳能热水器的容量。一般来讲，18 支管的太阳能热水器可供 2～4 人使用，26 支管可供 3～5 人使用，32 支管可供 5～10 人使用。

如若条件许可，选用大管 18 支的太阳能热水器更经济实用，这样不仅天热时能保证充足的用水量，天冷时也够全家使用，而且除了洗澡外还有充足的热水用于洗脸、洗衣服等。

不同类型的真空管的集热能力是不同的。真空管的集热能力关键取决于真空管的技术含量。如采用干涉膜镀膜技术的真空管与传统的渐变镀膜技术相比，集热能力大幅提高，耐高温、抗高寒、高效吸收，达到同样集热能力就应减少真空管支数。反之，普通真空管应增加真空管支数。

另外，不同厂家生产的真空管的体积是不相等的。真空管的长度有 180 cm、190 cm、210 cm 等，真空管的直径也有 47 cm、58 cm 等不同规格。因此，各种真空管的体积是不相等的。

真空管的结构、真空度、镀膜工艺等千差万别，集热效率和使用寿命差好几倍。如果单纯以容量或真空管支数作为依据来选择太阳能热水器，不仅难以满足实际热水需求，还多花冤枉钱。

（3）太阳能热水器上水电磁阀的选择　太阳能热水器的电磁阀有两种：有压电磁阀和无压电磁阀，一般在家用太阳能热水器中使用。电磁阀的供电电源为交流 220 V 或直流 12 V，直流 12 V 较多。有压电磁阀如图 3-11 所示。有压电磁阀开启除了通电外，还要求水源有一定的压力，一般为 0.02 MPa，低于这个压力，电磁阀就不能正常打开进水。如果是自用的水箱，水箱的水位必须比太阳能热水器的水箱最高点高出 3 m 以上才符合进水条件。无压电磁阀如图 3-12 所示。无压电磁阀可以在微小水压的情况下正常进水。有压电磁阀具有单项功能，无压电磁阀没有单向功能。有压电磁阀的可靠性较高，防泄漏的功能强。

（4）太阳能热水器增压泵的选择　安装太阳能热水器增压泵是为了使冷水恒定。

① 如果家用太阳能热水器的输水管径为 15 mm 左右,可以选择家用太阳能热水器自动增压泵,该泵只能起增压的作用,没有自吸功能。其性能参数见表 3 - 11。

图 3 - 11　有压电磁阀

图 3 - 12　无压电磁阀

表 3 - 11　自动家用太阳能热水器增压泵的性能参数

型　号	电机功率（W）	电源电压（V）	频率（Hz）	转速（r/min）	输水管径（mm）	最大流量（L/min）	额定扬程（m）	最高扬程（m）
15WG8 - 10	80	220	50	2 800	15	15	10	12
15WG10 - 12	120	220	50	2 800	15	10	12	12

② 如果输水管径为 20～40 mm,或者水位比泵低,可以选择自吸式太阳能热水器自动增压泵,该泵自吸高度为 4 m 左右,只能在水温为 40 ℃ 以内使用。其性能参数见表 3 - 12。

表 3 - 12　自吸式太阳能热水器自动增压泵的性能参数

型　号	电机功率（W）	电源电压（V）	频率（Hz）	转速（r/min）	输水管径（mm）	额定流量（L/min）	最大流量（L/min）	额定扬程（m）	最高扬程（m）
20GZ0.5 - 14	180	220～240	50	2 830	20	8	25	14	22
20GZ0.8 - 15	370	220～240	50	2 860	20	12	30	15	30
25GZ1.2 - 25	550	220～240	50	2 860	25	20	46	25	45
40GZ1.2 - 25	750	220～240	50	2 860	40	20	46	25	50

③ 如果热水管道过长,可以选择全自动太阳能热水器热水增压泵,该泵自吸能力强,扬程高,适用水温范围广冷热水均能使用,噪声低,是家用或酒店用最理想的增压泵。性能参数见表 3 - 13。

表 3-13 全自动太阳能热水器热水增压泵的性能参数

型　　号	电机功率（W）	电源电压（V）	频率（Hz）	转速（r/min）	输水管径（mm）	最大流量（L/min）	最高扬程（m）	最大吸程（m）
HM-122A	125	220	50	2 860	25	15	25	9
HM-250A	250	220	50	2 860	25	32	32	9
HM-300A	300	220	50	2 860	25	32	30	9
HM-370A	370	220	50	2 860	25	30	35	9
HM-450A	450	220	50	2 860	25	35	40	9
HM-550A	550	220	50	2 860	25	37	40	9
HM-750A	750	220	50	2 860	25	40	45	9
HM-900A	900	220	50	2 860	40	60	50	9
HM-1100A	1 100	220	50	2 860	40	250	50	9
HM-400A	400	220	50	2 860	25	50	15	6
HM-1300A	1 300	220	50	2 860	40	300	21	6

三、太阳能热水器品质的鉴别

1. 太阳能热水器质量优劣的鉴别　鉴别太阳能热水器产品质量的优劣最科学、可靠的办法是通过仪器检测看其是否符合国家标准。

如果仅凭经验来识别，则要注意以下几个方面：

① 要了解耐压试验和渗漏检查等。在购买太阳能热水器产品时，必须了解太阳能热水器、集热器、管道接口和水箱在出厂前是否进行过耐压试验和渗漏检查。

② 要了解技术性能。主要是了解太阳能热水器产品的平均日效率和平均热损系数。水箱内的水温和日照强度、日照时间、水容量、采光面积、水的初始温度均有关系，所以最科学的办法就是看产品的热效率和热损系数。目前真空集热管的平均日效率应大于40%，热损系数应小于2 ℃/m²。

③ 要了解产品所使用的材料。目前正规厂家都选用0.6 mm厚板材做水箱内胆，而一些小生产厂为了节省成本，多选用0.3～0.4 mm的板材，并由人工锡焊而成，产品的使用寿命大打折扣。由于水箱常年置于室外，其保温效果完全取决于保温材料的种类和厚度及密度，高质量产品的保温材料大多选用优质聚氨酯材料，厚度为4～5 cm，东北严寒地区需达到6 cm。

2. 太阳能热水器真空管优劣的鉴别　鉴别真空管质量优劣的简易鉴别

方法：

①外观表面光滑、干净，管身无斑点、无气线、无划伤、无划膜现象（此现象会影响集热效率和美观）。

②真空管镀膜层必须均匀、无划痕、无杂质、附着力强且膜层厚度标准。

③膜层颜色以蓝色、黑色为主，整体色差小。但要注意有的厂家为掩盖杂色，往往把膜层做成纯黑色。

④内管颜色为暗红色，表明它的金属底层是铜，这种真空集热管在严寒条件下也能正常工作，-30℃照常出热水。

⑤管底的真空吸气剂应当是镜面状，镜面暗淡表示真空度低，底部发白（银白色消退）表示真空度无。

⑥真空管镜面完整，光洁透亮，无发黑、发乌现象。

⑦尾部抽气嘴应完好无损。

⑧太阳能热水器在太阳下辐照数小时后用手感觉真空管的外壁，真空度正常的集热管手感应是"凉"的，真空度差的集热管手感是"热"的。

3. 太阳能热水器水箱保温材料的鉴别　太阳能热水器之所以能一年四季使用，其重要原因是采用了保温水箱。水箱保温材料选择得是否合理，既影响保温性能，又与水箱的使用寿命有直接关系。常用的保温材料有聚苯乙烯泡沫板和聚氨酯发泡材料等，它们的导热系数分别为 0.022 W/m·K 和 0.044 W/m·K，而后者材料成本比前者高一倍多。由于后者是整体发泡，无透气的缝隙，在江浙一带用 45 mm 厚的聚氨酯保温层可以使水箱水温保持到次日清晨（下降 1～2 ℃）。而聚苯乙烯保温材料的效果就差一些。

有一些生产厂家从降低成本考虑，采用所谓复合保温层，即 1/3 厚度为聚氨酯发泡材料，2/3 厚度为聚苯乙烯材料。由于聚苯乙烯泡沫长期使用会产生收缩变形，影响保温效果，故消费者在选购太阳能热水器时应注意鉴别水箱保温材料。

4. 平板式太阳能热水器的平板式集热器优劣的鉴别　以下几种鉴别方法供参考。

①好的集热器是采用电化学方法、真空镀膜、磁控溅射方法将选择性材料覆盖在集热板上，所以镀层与板面贴得十分紧密，不会剥离，表面闪着蓝色的光泽。差的集热板是用油漆直接刷上去的，容易剥离，光泽差。

②好的集热器比较结实，框架铝合金比较厚，整体的厚度也在 80 mm 以上，里面的集热板的连管直径竖管在 10 mm 以上，横管在 20 mm 以上，管子直径也大，集热器在工作中就不容易堵塞，使用寿命就比较长。

③保温材料方面，最好的集热器的保温材料是聚氨醋发泡的，多用于项

目的工程。一般用玻璃棉＋聚苯乙烯＋铝箔组成的保温材料，要有一定的厚度，在搬运中不易脱落。集热器的内部周边也应贴上足够厚度的保温材料。

④ 透明盖板应该选用低铁的透明玻璃板，高档的要选用钢化玻璃或是塑料盖板，不过后两者的价格比前者每平方米贵 30～40 元。一般家用，比如阳台式太阳能热水器可用钢化玻璃。一般的工程，在平面或者斜面屋顶上，用普通玻璃比较合适。

5. 冒牌太阳能热水器的辨别 辨别冒牌太阳能热水器的方法有：

① 选品牌、看产地、找认证。按照《产品质量法》规定，产品需标示生产厂家名称及产地，正规厂家产品会按照规范标注，而冒牌太阳能热水器包装上一般不标示生产厂家名称和产地。正规厂家产品多已受到质量体系和环境体系认证。

② 看材料，看技术。大厂家的销售店，一般会展示太阳能热水器的内部解剖，介绍产品各部位使用的材料与技术。

③ 看细节，比做工。冒牌太阳能热水器在细节方面容易暴露出问题，消费者可以通过不锈钢支架是否货真价实、支架的稳定程度、真空集热管稳定度进行辨别。

④ 不同的消费者对于太阳能热水器的储水量要求不同，为此，正规厂家是按水箱容积推荐产品，而冒牌厂家往往按真空式集热管的数量进行划级推荐。

第四章 太阳能热水器的安装

一、安装准备

1. 太阳能热水器的安装总则

（1）在安装太阳能热水器时，不应破坏建筑物的结构和削弱建筑物在使用寿命期内承受任何荷载的能力，不应破坏屋面防水层和建筑物的附属设施。

（2）安装的太阳能热水器及用于安装的配件、材料等应质量合格，并有质量保证书。

（3）安装太阳能热水器不得损害建筑物的结构、功能、外形、室内外设施等。

（4）太阳能热水器安装后应能满足防雷接地等设计要求，确保安全性。

2. 太阳能热水器的安装程序　太阳能热水器安装的工艺流程为：

安装准备→支架安装→热水器设备组装→配水管路安装→管路系统试压→管路系统冲洗或吹洗→控制器安装→管道保温及防腐→系统调试运行。

① 安装准备。开箱核对太阳能热水器的规格型号是否正确，配件是否齐全。

② 清理现场，画线定位，支架安装。太阳能热水器的支架一般为成品现场组装，支架的强度及支座架地脚盘安装应符合设计要求。

③ 热水器设备组装。目前广泛使用的太阳能热水器的集热器为倾斜安装，应严格按说明书的安装要求进行。

④ 配水管路安装。安装室外上下水管、溢水管，以及室内水管、各种控制阀。

⑤ 管路系统试压。对安装的配水管路接通自来水，改变水压，测试所安装配水管路及集热器是否渗水。

⑥ 管路系统冲洗或吹洗。对配水管路进行冲洗，清除安装过程中遗留在水管中的杂物，防止水管堵塞。

⑦ 控制器安装。安装太阳能热水器的控制器。

⑧ 管路保温及防腐。确定配水管路无渗漏后，对水管进行保温处理，对一些太阳能热水器的水管还需要进行防腐处理。

⑨ 系统调试运行。最后，进行系统调试，主要对部件进行运转调试，如水泵安装方向是否正确，电磁阀安装的方向是否正确，电气装置接线是否正确，温度、温差、水温、时钟控制是否正确、灵敏，各种阀门启闭是否灵活等。

3. 安装工具与材料的准备

（1）安装工具的准备

① 主要机具。垂直吊运设备、套丝机、管材热熔器、砂轮锯、电锤、电钻、电焊机、电动试压泵等。

② 主要工具。套丝板、管钳、活扳手、内六角扳手、钢锯、各种钳子、手锤、旋具、铝塑管割刀、扩孔器、撅弯器、电气焊工具、梯子、安全带等。

③ 其他用具。钢卷尺、盒尺、直角尺、水平尺、线坠、量角器等。

（2）安装材料的准备　一定不能为了省钱而使用伪劣材料，太阳能热水器生产厂家配套的安装材料的保修期一般只有一年，一年之后维修要收取材料费。所以在安装太阳能热水器时一定要使用优质的安装材料。

夏季太阳能热水器的水温时常处于接近沸腾状态，普通管材难以长期承受这样高的温度，交联聚乙烯管（PE-X）适应的温度范围为-70～100 ℃，是安装太阳能热水器比较理想的管材，如选用铜管或铝塑管及配套管接件更能延长管路的使用寿命。

常用的安装材料及其功用见表4-1。

表4-1　安装太阳能热水器的常用材料及其功用

材料名称	示意图	功　用
电工胶带		包扎绝缘电线
铝箔胶带		冷（热）水管道的包扎

（续）

材料名称	示意图	功　　用
生料带		用于管件螺丝接口的密封
PE-X热水管		用于太阳能热水器的热水管路
保温棉		用于水管路保温
补芯		用于将大管变小管时的连接
等径三通		用于增加管路分支
等径弯头		用于改变管路方向

（续）

材料名称	示意图	功　用
密封圈		用于密封真空集热管与水箱连接处的零件
电伴热带		用于气温在 0 ℃以下时对管路通电加热，防止冻堵
管箍		用于管子之间的连接
铝塑对接管		用于管路的连接
钢对丝		用于管路的连接
铜球阀		管路的通断开关
内丝弯头		用于管路的连接，改变管路方向
内丝直通		用于管路的连接

（续）

材料名称	示意图	功　用
外丝弯头		用于管路的连接，改变管路方向
外丝直通		用于管路的连接
真空管管托		用于安装真空管
膨胀螺栓		用于固定支架
尾座		用于固定真空集热管尾部的零件
挡风圈		真空式集热管插入水箱密封圈后，用于封堵水箱的开孔
地脚		用于在屋面混凝土墩台上固定太阳能热水器支架

4. 太阳能热水器安装位置的选择　　太阳能热水器的户外热水管道设计应使管道尽量短，以节省安装材料，同时使管道存水量最少，水资源利用率最高。由于户外管道短，冬天冻堵的可能性较低；如果安装电伴热带自动防冻，因室外管道短也使电伴热带用量最少。太阳能热水器安装的具体位置应遵循以

下原则：

（1）要装的太阳能热水器必须放置在便于固定的位置，在楼顶选择离烟道、出气孔或预留管道较近的位置。

（2）太阳能热水器安装的位置必须在建筑物的避雷区域内，对于雷雨天气多的地方更要重点考虑，若建筑物没有避雷针等设施，则应增设避雷设施。

（3）太阳能热水器必须放置在阳光充足和照射时间长的位置，但又不能遮挡相邻太阳能热水器的采光。

（4）应按照太阳能热水器安装说明书的规定和当地物业及用户的要求安装，保证太阳能热水器安全放置、正常运行。

（5）太阳能热水器的安装位置应全年无遮挡，集热器朝向正南或偏东 $10°$ 以内。

（6）多台太阳能热水器的间距按下式计算：

$$L = \frac{H}{\text{tg}(66.5° - \alpha)}$$

式中　L——南北相邻太阳能热水器的间距；

　　　H——前排遮挡物的高度；

　　　α——当地纬度。

二、太阳能热水器部件的安装

1. 开箱检查

① 检查随机附件与资料是否齐全。

② 检查支架及配套零件是否齐全。

③ 检查水箱表面是否有划痕，水箱配套零件是否齐全。

④ 检查真空管是否存在破损、漏气等情况，以及配套零件是否齐全。

⑤ 检查控制器及配套传感器、电辅助加热头、电磁阀等配件是否齐全，并检查外观是否存在质量问题。

2. 支架的安装

（1）支架的组装

① 将支架各个组成部分整理好并放置于便于安装的位置。

② 首先组装两侧的支架。先将每侧的支架前立柱和后立柱分别与水箱桶托连接，并将地脚固定在支架上。然后分别将两侧支架的斜拉梁固定好。

③ 将两个侧支架立好，用后立柱斜拉梁将两侧的支架连接好。

④ 将尾架、前架水平梁固定好，支架组装完成。

（2）支架的固定　根据屋顶的实际情况，选择最佳的支架固定方式。通常采用水泥墩、打膨胀螺钉、用钢丝绳等方法。

① 浇筑水泥墩预埋柱脚固定法。浇筑混凝土时，应用固定架将柱脚支座板或锚栓安设在定位轴线规定的位置上。锚栓要罩上或用毛毡等物将螺纹部位保护好，以防受损。

柱脚基础可根据柱脚类型和施工条件采用下列一些方法施工。

方法 1：将柱脚基础支承面一次浇筑到标高位置后，不再进行浇灌水泥砂浆，如图 4-1 所示。

方法 2：将柱脚基础混凝土浇筑到较设计标高低 40～60 mm 的位置，然后用细石混凝土找平至设计标高，如图 4-2 所示。找平工作应采取措施，保证细石面层与基础混凝土紧密结合。

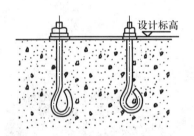

图 4-1　柱脚基础一次浇筑至标高

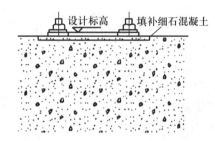

图 4-2　柱脚基础两次浇筑至标高

方法 3：预先按设计标高安置好柱脚支座板，并在钢板下浇灌细石混凝土至标高，如图 4-3 所示。

方法 4：将柱脚支座板下的混凝土浇筑到较设计标高低 40～60 mm 的位置，然后用细石混凝土找平至标高，如图 4-4 所示。找平工作同方法 2 的要求。

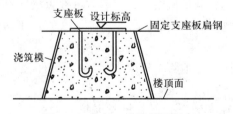

图 4-3　支架一次浇筑至标高

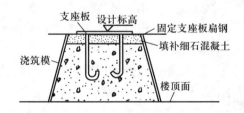

图 4-4　支架两次浇筑至标高

将热水器支架放置在 4 个浇筑的水泥墩上，用螺栓将水泥墩上柱脚（支架板）与支架联为一体，如图 4-5 所示。

② 打膨胀螺钉固定法。制作水泥砖，在水泥砖上打膨胀螺栓，把热水器的地脚螺栓固定在膨胀螺栓上，如图4-6所示。

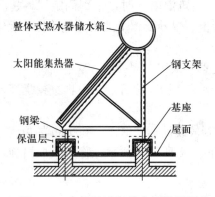

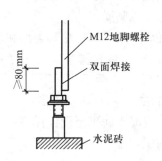

图4-5　支架通过浇筑水泥墩预埋柱
　　　　脚（支架板）进行固定

图4-6　打膨胀螺钉
　　　　固定支架

③ 钢丝绳固定法。钢丝绳固定法是较常用的一种，其操作步骤：把钢丝绳或大号钢筋套在前支架左右框及箱托左右U形环上，并用螺钉拧紧，将连接好的4根钢丝绳或钢筋向热水器四角方向拉神，在女儿墙或其他地方选择适当位置，钻孔安放膨胀挂钩，将钢丝绳或钢筋与相应的膨胀钩用U形环牢固连接，如图4－7所示。

图4-7　用钢丝绳固定支架

（3）安装支架的注意事项

① 支架使用螺母进行固定连接，在热水器整机组装完毕后方可拧紧螺母。

② 支架固定好后，可通过硬质防水垫片调节支架高度，确保水箱水平，且各地脚受力均匀。

③ 确保热水器所有地脚与支撑面（地面、地脚基础或水泥砖）紧密接触，不得有地脚悬空，否则会引起支架变形，导致产品损坏。

④ 坡脊式热水器配置了钢丝绳夹，在安装时务必将钢丝绳拉紧，不得选用普通铅丝及劣质钢丝绳。

⑤ 要防止破坏屋面防水层导致屋面渗漏。

⑥ 如果只能打膨胀螺栓，膨胀螺栓有可能破坏防水层，要求安装后重新

做防水处理。

⑦ 墩台应做在结构墙体的上面，严禁在楼板上直接浇筑（容易超载，引起楼板变形、渗漏）。

⑧ 墩台的大小依据当地风荷载的大小，经抗风验算后确定。

⑨ 为了增加稳定性，宜多户联合浇筑联体式墩台。

⑩ 在墩台上预留泄水孔，保证屋面排水畅通。

3. 水箱的安装

（1）水箱的安装步骤

① 将水箱从包装箱中取出，局部撕掉水箱下部螺栓位置的塑料保护膜，取下固定在水箱两端螺栓上的螺母及垫片。

② 将水箱挂架的长圆孔和支架上的圆孔对齐，装上螺栓，待几个挂架孔都装上螺栓后，再垫垫片，上螺母。

（2）排气孔的安装　在水箱的顶部必须设置排气孔：一方面是为了上水时排空和下水时进气；另一方面是便于在水加热过程中所泄出的气体从顶部排出。排气孔距热水器水箱顶部应在 25 cm 以下，否则易损坏水箱。

（3）安装水箱时的注意事项

① 安装水箱时，应使水箱的真空管连接孔中心线与支架前立柱保持平行。

② 为避免划伤水箱，水箱外部的塑料保护膜应在安装结束后再全部撕掉，撕膜时严禁用壁纸刀等锋利工具。

③ 安装水箱为螺栓连接，螺母紧固，待整机组装完毕后方可拧紧螺母。

4. 集热器的安装

（1）集热器放置方位的选择。中国地处北半球，太阳在正南位置时太阳辐射最强，所以太阳能集热器放置正南朝向为最佳。南偏东或南偏西不大于 30°的建筑，集热器可与建筑同向放置。朝向南偏东或南偏西大于 30°的建筑，集热器宜朝南设置或南偏东小于 30°放置。受条件限制，集热器不能朝南放置的建筑，可朝南偏东、南偏西或朝东、朝西放置，使太阳光直射在集热器上的时间不早于 11：00，也不晚于 13：00，否则会影响太阳能的获取。

（2）集热器的安装倾角　为了获得最大的太阳能量，必须使集热器的采光面正午时垂直于太阳光线。

（3）真空式集热器的安装

① 真空管安装前，应置于阴凉处，避免阳光照射，否则安装时可能造成烫伤。安装前检查水箱孔密封胶圈是否齐全，密封面处是否清洁、无异物、无破损，安装位置是否正确。

② 将挡风圈斜面向下，套在真空管开口端，距管口约 10 cm，如图 4 - 8

所示。插管前，先将管口用水浸湿，以便于安装。

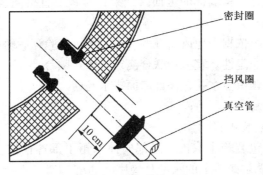

图 4-8　真空管的固定

③ 插管时边均匀用力边旋转真空管，使其旋转着进入密封圈，合力方向应与真空管轴线的方向一致。

④ 将真空管尾部套上尾座，再将尾座插入尾架上短孔，将尾座左右弹性卡钩插入尾座长孔，将真空管固定到尾架上，如图 4-9 所示。

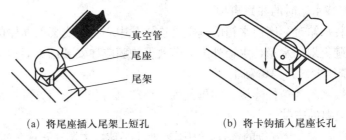

（a）将尾座插入尾架上短孔　　　　　（b）将卡钩插入尾座长孔

图 4-9　真空管尾座与尾架的连接

⑤ 真空管插入密封圈内的深度约 1 cm，将挡风圈推至水箱孔处封堵，如图 4-10 所示。

⑥ 安装真空管时，应首先在热水器水箱两边各安装一支，以使热水器水箱与支架整体定位，然后依次安装所有真空管，待全部安装完成后，紧固热水器的全部螺母。

5. 配水管路的安装

（1）配水管的种类。根据材料的不同，目前常用的太阳能热水器配水管可分为塑料管、复合管、金

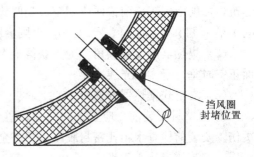

图 4-10　真空管与水箱的连接

属管 3 类。

① 塑料管。塑料管是合成树脂加添加剂经熔融成型加工而成的制品。

常用的塑料管种类有：硬聚氯乙烯管（PVC－U）、高密度聚乙烯管（PE－HD）、交联聚乙烯管（PE－X）、无规共聚聚丙烯管（PP－R）、聚丁烯管（PB）、工程塑料丙烯腈-丁二烯-苯乙烯共聚物（ABS）等。

塑料管的使用温度及耐热性能决定了 PVC－U、PE　HD、ABS 仅能用于冷水管，而 PE－X、PP－R、PB 则可作为热水管。当有热水供应系统且冷热水采用同一管材时（如太阳能），耐热性能成为主要指标。因此，塑料管中的 PE－X、PP－R 和 PB 常用作太阳能热水器的上下水配水管。

② 复合管。复合管一般以金属作支撑材料，内衬以环氧树脂和水泥，它的特点是质量轻、内壁光滑、阻力小、耐腐性能好。铝塑复合管则以高强软金属作支撑，而非金属管在内外两侧，它的特点是管道内壁不会腐蚀结垢，保证水质。也有金属管在内侧而不在外侧的，如塑覆铜管，这是利用塑料导热性差起到绝热保温和保护的作用。

根据金属的材料不同可分为：钢塑复合管；不锈钢-塑复合管、塑覆不锈钢管；塑覆铜管；铝塑复合管、交联铝塑复合管；衬塑铝合金管。

在塑覆金属管中，交联铝塑复合管不仅具有良好的耐温耐压、抗冷热疲劳强度等性能，还具有一定强度和可塑性，可随意弯曲且弯曲后不反弹，便于太阳能热水器的室内管路安装施工。

③ 金属管。金属管主要包括镀锌钢管、铸铁管、铜管、不锈钢管。

20 世纪 60～70 年代，发达国家开始开发新型管材，并陆续禁用镀铸管。中国建设部等四部委也明确发文，从 2000 年起禁用镀锌管，目前新建小区的冷水管已很少使用镀铸管。

铸铁管与铜管相比具有不易腐蚀、造价低、耐久性好等优点，适合于埋地敷设，但它的缺点是质脆、质量大、长度短等，连接方式一般采用承插连接。卡箍式铸铁排水管是一种新型的建筑用排水管材，20 世纪 60 年代开始进入国际市场，但由于这种管材及配件价格相对较高，在国内一直未能得到普及推广。

不锈钢管自 20 世纪发明以来凭借其优良的性能和漂亮的外观在所有管材的发展中一枝独秀。不锈钢管的优点包括：可保持水质纯净，安全卫生，满足健康要求；使用温度范围极广，可在 -270～400 ℃ 的温度下长期安全工作（这是其他任何塑料管材都无法比拟的）；是一种环保材料，不含环境污染物（无铅、无聚氯乙烯、无环境荷尔蒙等），可无数次再生，100% 回收利用；具有很高的强度和耐腐蚀性，可靠耐用，使用寿命长，低维护；具有优越的流通性能和较好的保温性能，可节约能源，降低能耗。但目前不锈钢管的价格比塑料管材高，大范围推广有困难。

在金属管中，铜管和不锈钢管不仅具有良好的耐温耐压、抗冷热疲劳强度等性能，还具有高强度和耐腐蚀性能，比较适合太阳能热水器的特殊使用环境。

（2）管路系统的连接方式　太阳能热水器管路系统连接方式有卡套式连接、卡压式连接、插接式连接、热熔式连接、钎焊式连接。

① 卡套式连接。首先将螺帽和 C 形卡环依次套入 PE - X 管上，然后将 PE - X 管插入到密封垫，通过卡套管件本体和螺帽的螺纹传力使 C 形卡环扩径向收缩从而使得梯形密封圈受压起到密封作用，从而实现 PE - X 管和卡套管件的连接和密封，如图 4 - 11 所示。

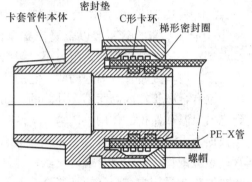

图 4 - 11　卡套式连接

此连接方式的特点：安装简便，连接处内外都不变形，属于活接，便于维修。管内的密封圈需要更换时，只要旋开螺母更换即可。

② 卡压式连接。首先将不锈钢夹套于 PE - X 管上，然后将 PE - X 管插入到卡压管件本体中。通过专用的卡压工具，让套于 PE - X 管内壁收缩并咬合至卡压管件芯体外圆表面上的锯齿形环槽中。两个 O 形密封圈设计线径大于芯体外径，在 PE - X 管内壁，两只 O 形密封圈始终处于压缩状态，从而实现连接密封，如图 4 - 12 所示。

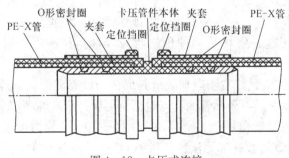

图 4 - 12　卡压式连接

此连接方式的特点：安装需要有专用的卡压工具（卡压钳）；一次安装可

以保证长久的密封性能；卡压管件只能一次性安装使用，如果需要维修，只能重新更换管路。

③ 插接式连接。首先将PE－X管截出一个整齐的端面并且去除毛刺，然后用力插入管件中即可。此种连接方法主要靠管件中的不锈钢卡环与管壁紧固在管件内，利用管件内壁与管材外壁紧密配合的O形圈来实施密封，如图 4 - 13所示。

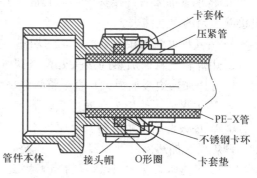

图 4 - 13　插接式连接

此连接方式的特点：安装简便，而且便于拆卸维修；只需径向压缩压紧管，不锈钢卡环便会发生收缩，从而将 PE－X 管从管件中拔出。

④ 热熔式连接。该连接方法是用热熔机通过对两根待焊接的水管端口进行加热，然后对接熔合加热区而将两根水管连接起来，如图 4 - 14所示。

此连接方式的特点：连接后管子之间完全融合在一起，所以一旦安装打压测试通过，绝不会再漏水，可靠性极高；管材与管件为同种材料，机械性能相同，热膨胀一致，使用时不会出现渗

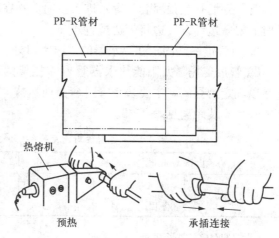

图 4 - 14　热熔式连接

漏脱落的现象；施工技术要求高，需用专用工具并由专业人员进行施工，方能确保系统安全；工艺复杂，易产生堆料缺陷区，导致应力集中，影响管道长期性能。

⑤ 钎焊式连接。铜管的连接一般采用钎焊式连接。

a. 量好集热器进水口到太阳能站、集热器出水口到储水箱循环进水口的距离，按量好的尺寸用割刀截下管材。

b. 将截下的管材接头处内、外表面的毛边及氧化膜清理干净。

c. 在清理干净的管子内、外表面匀刷焊剂。

d. 将铜管插入管件接头中，插到底并适当旋转，以使间隙均匀，并将挤出接缝多余的焊剂抹去。

e. 用气焊火焰对接头处实施均匀加热，直至加热到钎焊温度。

f. 用焊料接触被加热的接头处，当铜管接头处的温度能使焊料迅速熔化时，即可边加热边添加焊料，直至将焊缝填满。

g. 移去火焰，使接头在静止状态下冷却。

h. 将接头处的残余焊料及反应物用热水清洗干净，必要时涂清漆保护。

钎焊具有加热温度低，接头光滑平整，水管的组织与机械性能变化小，变形小，尺寸精确，生产率高等特点，因此，在太阳能热水器水管连接得到应用。

（3）室外管路的安装

① 安装方法。

a. 将屋面管道一端留在热水器水箱附近，另一端通过管井（或者烟道、排气管、穿墙孔、预埋套管等）进入室内，并在两端留出富余的长度，铺设管道时需要一边铺设一边将管道捋直。

b. 将管道一端固定在热水器的进出水口处。

② 管道支托。太阳能热水器管道支托架的设置，一般不以承重为目的，而是以固定为目的，主要防止管道弯曲而造成"反坡"，阻碍循环。管道支托架的最大安装距离见表 4-2。

表 4-2　各管径管道支托架的最大安装距离

管道公称内径（mm）		15	20	25	32	40	50
最大安装距离（m）	保温管	1.5	2	2	2.5	3	3
	不保温管	2.5	3	3.5	4	4.5	5

支托架的安装形式如图 4-15 所示。

③ 支托架设置的注意事项。

a. 支托架要支承在可靠的结构上。

b. 间距要合理，间距过稀无法防止管道弯曲。

c. 结构形式要保证使用，力求简单，便于施工。

d. 悬臂式支托架不宜过长，必须在下面设置斜撑。

e. 水泵、电磁间等附件应在出入管口处安装可靠的支托架，以减少对管路的震动。

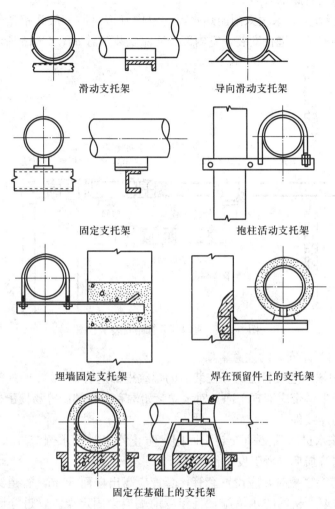

滑动支托架   导向滑动支托架

固定支托架   抱柱活动支托架

埋墙固定支托架   焊在预留件上的支托架

固定在基础上的支托架

图 4-15 支托架及其安装形式

f. 支托架尽量与管道施工同时进行。

g. 固定支托架，应使管道平稳地放在支托架上，没有悬空现象。

h. 支托架上部应水平，不允许上翘下垂或扭斜。

i. 各支托架连线的坡度必须一致。

j. 支托架上不允许有管道的焊缝接头、管件或活接头。

k. 抱柱式支托架螺栓一定要紧固，保证支托架受力后不活动，承托面要水平。

l. 与集热器支架连接的支托架，应选择强度、刚度高的位置作连接基础。

（4）室内管路的安装

① 安装方法。家用太阳能热水器的室内管道材质一般为铝塑管。室内管路安装按照安装图进行安装，室内部分管路安装示意如图4-16所示。

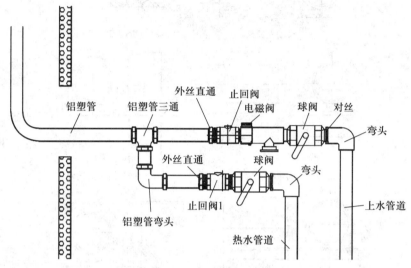

图4-16　室内部分管路安装示意图

② 室内管路安装的注意事项。

a. 采用螺纹连接管道时，安装后的螺纹根部应有2~3扣的外露螺纹，多余的麻丝、生料带应清理干净。对水立管始端和装有阀门等易损配件的地方要安装可拆的连接件。

b. 自来水进水端必须安装止回阀，防止停水时热水倒流进入自来水管，避免自来水管损坏或者引发烫伤事故。

c. 管道穿楼板时，应设置套管，套管应高出楼面5 cm，管道穿楼板、屋面时，应采取严格的防水措施，且穿越前端应设固定架。管道穿墙进入室内时，可采用塑料管口或者其他装饰材料修饰。

d. 管路的穿墙孔必须保证有倒坡，且做好密封，以防雨水、异味等进入。

（5）管路的保温

① 管路保温材料的选用原则。

a. 热导率低，绝热性能好。

b. 容重小，一般不高于400 kg/m³。

c. 允许使用有机物制品，譬如棉、木屑等物。

d. 吸湿性小。

e. 容易成型，便于安装施工。

② 管路保温材料的种类。

a. 瓦状材料。它由泡沫混凝土、石棉硅藻土或矿渣棉制成，对管道保温应用较为广泛。

b. 毡状材料。常用的有高压聚氯乙烯毡、玻璃棉毡和矿渣棉毡。

c. 纤维状材料。一般使用矿渣棉或玻璃棉。

d. 粉粒状材料。常用硅藻土、石棉灰、石棉硅藻土等。

③ 管路保温方式。太阳能热水器室外管路保温通常采用 2 种方式：

a. 瓦状材料的安装使用方法如图 4-17 所示。以 1/2 衔接，用金属丝将外圆绑固，将绑丝接头按倒，以不妨碍下道工序施工。绑丝应距瓦端面 50 mm 处，间距为 150~200 mm。

b. 毡状材料使用前，应将其按搭接宽度裁成条状。一般搭接宽度在 50 mm 左右，搭接方法如图 4-18 所示，一定要从在管道低端向高端缠绕，然后用金属丝绑扎，其间距与瓦状施工相同。

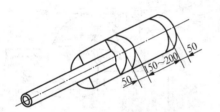

图 4-17 瓦状材料的绑固

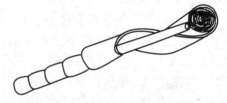

图 4-18 毡状材料的搭接

c. 粉粒状材料施工方法有两种：一种是在被保温体上缠绕草绳后，将粉粒状材料调成泥状，抹在草绳上，待第一层稍干后，进行第二次涂抹。另一种是将粉粒状材料调成泥团，先贴在被保温体上，而后进行草绳缠绕、抹平。第二种方法质量高于第一种方法。

d. 保温棉。将保温棉沿粘接缝撕开，包裹在管路上，之后用铝箔胶带缠绕在保温棉上。如图 4-19 所示，主要用于南方地区。

e. 电伴热带＋保温棉。在配水管路上先贴上伴热带，每隔 0.5 m 用电工胶带缠紧，避免漏电，再套入保温棉内，如图 4-20 所示，主要用于北方寒冷地区。

若室内管路较短，可以不加装保温，如业主特别要求或者管路较长的情况下，需要安装保温。若加装保温，则室内保温做法除不加装电伴热带外，其余与室外保温做法相同。保温棉外铝箔胶带可选用其他材料代替。

（6）锯削水管 在安装室内管路时，常用手锯来锯削管材。

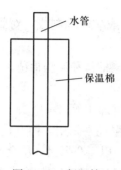

图 4 - 19　保温棉法

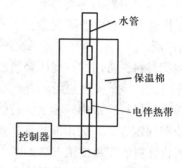

图 4 - 20　电伴热带＋保温棉

① 握锯方法。右手握住锯柄，大拇指自然握放在食指上方，靠右手掌心向前用力推，回程时右手放松，用四指拉回锯弓，可减轻疲劳。左手协助右手，四指勾在锯弓前端，小手指自然放松，而大拇指钩在锯弓前端的锯弓上面，以调整力矩平衡和扶正锯弓，不可施力过大，主要靠右手控制方向和用力的大小，左手只是起辅助协调作用，如图 4 - 21 所示。

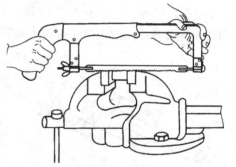

图 4 - 21　握锯方法

② 夹持管件。锯缝尽量放在钳口的左侧。管件夹持要紧固，不能变形为最好。管件伸出钳口部分要短，不要超过 20 mm，防止振断锯条。对于薄壁管子或精加工过的管子都应夹在木垫内，如图 4 - 22 所示。

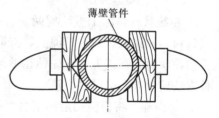

图 4 - 22　薄壁管件的夹持方法

③ 锯削方法。

a. 当锯条锯到近管子的内壁处，应将管子沿推锯方向转过一个角度，依锯缝继续锯削，不断转动，不断锯削，直至锯削结束。不可从一个方向锯削到结束，这样锯齿容易被钩住而崩齿，锯出的锯缝因为锯条跳动也不平整。

b. 锯缝应与管子轴线保持垂直，否则会造成锯缝端面不平整，影响锯削加工尺寸。

(7) 水管套螺纹　套螺纹是指使用板牙作为切削工具，对钢管表面切削出外螺纹。

① 套螺纹工具。套螺纹工具主要有：板牙和板牙架（图 4-23）、台虎钳、直角尺、V 形块、端部倒角工具、套螺纹时所用润滑油等。

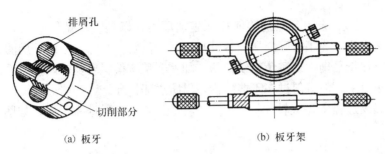

（a）板牙   （b）板牙架

图 4-23 套螺纹工具

a. 板牙。板牙由切削部分、校准部分和排屑孔组成。它就像一个圆螺母，在上面钻有几个排屑孔而形成刀刃。板牙两端面都有切削部分，待一端磨损后，可换另一端使用。

b. 板牙架。板牙架是装夹板牙的工具。板牙放入相应规格的板牙架孔中，通过紧定螺钉将板牙固定，并传递套螺纹时的切削转矩。

② 套螺纹方法。

a. 夹装钢管。套螺纹前将钢管夹持在台虎钳口内，夹正、夹牢。为了防止套螺纹时由于力矩过大使钢管变形，钢管不要露出过长。因套螺纹时的切削力矩较大，而工件又都为钢管，一般常用 V 形夹块或厚铜衬（即铜钳口）作衬垫，方能可靠夹紧，如图 4-24 所示。

b. 起套。起套时是一手用手掌按住铰杠中部，沿钢管的轴向施加压力，另一手配合作顺向切进，转动要慢，压力要大，并保证板牙端面与钢管轴线的垂直度，不得歪斜，如图 4-25 所示。

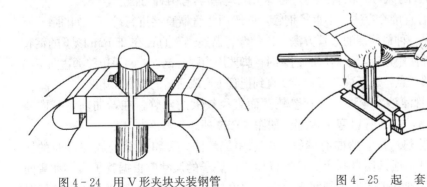

图 4-24 用 V 形夹块夹装钢管   图 4-25 起 套

c. 借正。当套螺纹进入正常操作，而板牙已切入钢管2～3牙时，应退出板牙，用90°角尺检查其垂直度误差并及时借正，然后再接着套螺纹以保证套螺纹的质量，如图4-26所示。

d. 套螺纹。起套后不应再向板牙施加压力，以免损坏螺纹和板牙，应让板牙自然引进。为了排除断屑，板牙也要时常倒转，套螺纹中两手用的旋转力矩要始终保持平衡，以避免螺纹偏斜。如发现稍有偏斜要及时调整两手力量将偏斜借正过来。但偏斜过多不能强借，以防损坏板牙。

套螺纹过程中每旋转1/2～1周时，要倒转1/4周排除断屑，如图4-27所示。

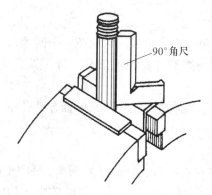

图4-26 套螺纹过程中的借正

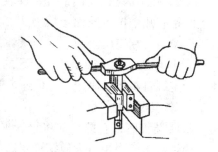

图4-27 起套后的操作

e. 适时加切削液。在钢管上套螺纹时要加切削液，以降低螺纹表面粗糙度，延长板牙使用寿命。常用的切削液有乳化液和机油。

（8）水管揻弯 在安装太阳能热水器管路时，有时要对钢管或PVC管进行揻弯安装；在安装线路时，也需要将护线套管进行揻弯。

① 钢管的揻弯。钢管揻弯一般采用冷弯和热弯两种方法。

a. 钢管直接冷弯法。小直径钢管，一般用弯管器直接进行冷弯，如图4-28所示。这是一种最简便的弯管方法。这种弯管器适用于直径在25 mm以下的钢管的弯曲。在使用这种弯管器弯曲钢管时，脚要用力踩着钢管，两手边移动边向下用力，一次移一点，逐渐移动弯管器，直到把管子弯成所需的弧度和角度。

b. 钢管灌沙冷弯法。凡管壁较薄而直径较大的水管，在弯曲前，管内要用干沙灌满，并在管口塞上木塞，如图4-29所示。

c. 钢管热弯法。弯曲有缝钢管时采用热弯法，要将接缝处放在弯曲的侧边。热弯时，通常用自制焦炭炉进行加热，炉子的尺寸应根据管子大小和弯曲长度而定。砌好炉体后周围回土填平。用木材引火，鼓风机鼓风，木材燃烧时加焦炭，待焦炭燃烧后，将钢管需弯曲的部位放在火上加热。加热时须在钢管上放些焦炭或盖一块铁板，使热量不易散失，并随时注意：不要将钢管烧熔！加热到钢管呈大红色，就可将钢管抬出进行弯管操作。弯曲的方法如图 4-30 所示，在地面上用钢管或圆钢打几个桩，将加热好的钢管放在钢桩之间，一头用钢绳拴住，另一头用人力或利用滑轮拉弯。同时，把不需要弯曲的部分用水冷却，使之不能弯曲；内圆边也要适当淋水冷却，使外圆软而伸长。弯曲圆弧的好与坏，决定于淋水的技术。淋水部位和淋水量是根据曲率半径来确定的，这需要经过几次实际操作锻炼才能掌握。当钢管弯到所需尺寸后，进行淋水冷却定型。

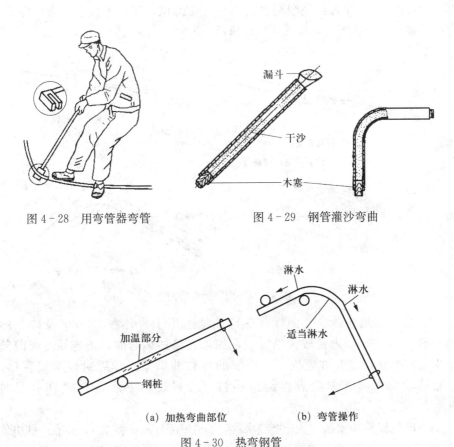

图 4-28　用弯管器弯管　　　　　图 4-29　钢管灌沙弯曲

（a）加热弯曲部位　　　　　（b）弯管操作

图 4-30　热弯钢管

　　② PVC 管的揻弯。PVC 水管通常用加热弯曲法进行揻弯。加热时要掌握好火候，既要使管子软化，又不得使管子烤伤、变色，或使管壁出现凸凹状。PVC 管的加热弯曲方法有直接加热和灌沙加热两种方法。

a. 直接加热弯曲法。将硬塑料管需弯曲的部位靠近热源，旋转并前后移动烘烤，待管子略软后靠在木模上，两手握住两端向下施压进行弯曲，如图 4-31 所示。没有木模时可将管子靠在较粗的木柱上弯曲，也可徒手进行弯曲。

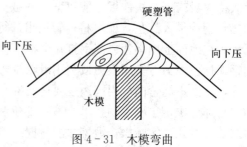

图 4-31　木模弯曲

弯曲硬塑料管时要防止将管子弯扁。可取一根直径略小于待弯管子内径的长弹簧（例如拉力器上的长弹簧），插入到硬塑料管内的待弯曲部位，然后再按前面方法弯管，弯好后抽出长弹簧即可，如图 4-32 所示。

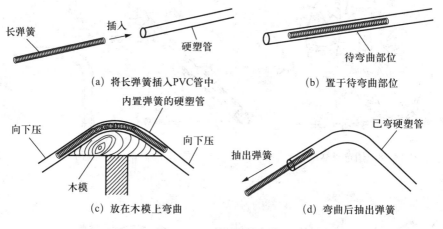

(a) 将长弹簧插入PVC管中　　　　(b) 置于待弯曲部位

(c) 放在木模上弯曲　　　　(d) 弯曲后抽出弹簧

图 4-32　内置弹簧弯曲

b. 灌沙加热弯曲法。灌沙加热弯曲法适用于管径在 25 mm 及以上的 PVC 管。对于这类内径较大的管子，如果直接加热弯曲，很容易使弯曲部分变瘪，为此，应先在管内灌入干燥的沙粒并捣紧，然后封住两端管口，再加热软化，弯管成型后再倒出沙粒，最有效的办法是在模具上弯曲成型。

6. 电气部件的安装　太阳能热水器除了机械部分的安装以外，还有一些电气部件的安装，主要有电加热器、水位水温传感器、控制器、电磁阀、开关等。

(1) 电加热器的安装

① 安装方法。电加热器安装于储水箱最后一个出水的储热槽内。安装时可先用洗洁精涂在加热棒和水箱里面的密封圈上，然后轻轻地插进去就

可以了。

② 室外部分的接线。

a. 拧下接线盖上的 4 颗螺钉，取出接线盖，将压线夹卸掉。

b. 剥皮，露出 2 cm 左右铜线，并套上热缩管，进行绝缘和防尘。

c. 将电源线穿过护线密封圈。将电源线（棕色或红色线）接到相线标识"L"处，黄绿线接到地线标识处，蓝色线接到零线标识"N"处。

③ 室内部分的接线。加热引线应接到配套控制器的相应端子上。

④ 电加热器安装的注意事项。

a. 安装前应检查加热器的规格及技术参数与所需的是否相符。

b. 非专业技术人员不得擅自安装。安装接线时防止零、相线与外壳接触，以免造成入地或短路。

c. 必须有可靠的接地线，一般带电加热的主控制器都有接地端子，必须可靠连接。

d. 电加热管的出线方向不要同其他配件的引线方向一致，特别是传感器的信号线，更应远离加热管引线。

e. 电加热管安装好后应牢固可靠，不应晃动、漏水。

（2）水位水温传感器的安装

① 安装方法。水位水温传感器安装方式主要有侧置式和下置式两种。侧置传感器由进气孔处插入，然后将固定卡卡在排气孔处，将传感器信号线引到室内。下置式传感器直接由下端安装口插入。

安装水位水温传感器的步骤如下：

a. 先在溢流管上旋上电线紧固件，把传感器上面的皮套固定在皮套固定处，将水温水位传感器由水箱侧面或顶部溢流管插入，将传感器皮套套在溢流管的管子上，轻拉引线，使之贴紧进口处，随后再将电线向内伸进 1 cm 左右，并在固紧附件上绕一圈，然后用压板卡紧电线。

b. 将电线引进室内与显示仪插接；将室外电线固定，以免大幅度摆动，使之拉断、擦伤。

② 水位水温传感器安装的注意事项。

a. 传感器不能与电加热管相碰或距离过近。

b. 传感器安装时不得硬拉硬扯，以免线皮受损，按相对应红白颜色同控制器接线端子连接。

c. 勿将插头淋湿或浸湿。

d. 传感器安装后应牢固，不得晃动、漏水。

（3）电磁阀的安装

① 安装方法。

a. 安装前先冲洗管道,将杂质冲洗干净。

b. 若是水塔供水,选择与水压相适配的电磁阀,以免电磁阀不能上水或流量过小。

c. 检查电磁阀标识电压是否与控制电源输出电压一致,检查过滤网是否完整、阀体各部位有无破损。

d. 将测控仪与配套的电磁阀安装在冷热水管相通的管路上。电磁阀的滤网端为进水口,阀体上箭头与上水水流方向相同,不可接反,电磁阀阀体朝上并处于水平位置安装。

e. 安装好后,通电检测。

② 电磁阀安装的注意事项。

a. 电磁阀应安装在室内避免造成连带损失的区域,注意防冻、防晒,以防阀体冻裂老化,缩短使用寿命。

b. 禁止用扳手等工具作用于线圈及塑料部位。

③ 电磁阀两端接口应保持在同一直线上,切勿两接口上下错位时强行安装,以保证电磁阀在安装时不受损坏。

④ 应保证安装好的电磁间不受管路错位扭力作用。

(4)电动热水增压泵的安装 电动热水增压泵有两种。

① 热水单向增压泵。水泵启动后只向一个方向增压。热水增压泵只能安装在热水出水的管道,实现热水出水增压(图 4-33)。

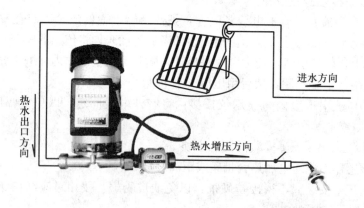

图 4-33 热水单向增压泵

② 热水双向增压泵。水泵链接自动上水仪和电磁阀以实现双向增压(图 4-34)。

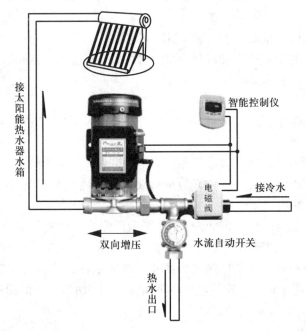

接太阳能热水器水箱

智能控制仪

接冷水

电磁阀

双向增压

水流自动开关

热水出口

图 4 - 34　热水双向增压泵

（5）控制器的安装

① 安装方法。

a. 首先定位，将控制器挂板固定在墙上，将控制器安装在挂板上。

b. 打开控制器下方的安全螺钉后取开上盖，将传感器、电磁阀、电伴热带、电辅助加热器等的功能线按文字标识接入并依次旋紧，检查无误后盖好上盖并锁紧安全螺钉，将电源插头插入电源插座即可。

c. 安装完毕检查无误后通电自检。

② 控制器安装的注意事项。

a. 用于固定控制器的墙壁必须平整，固定挂板的自攻螺钉必须旋紧，螺钉顶部不得高于挂板平面。

b. 控制器电源线严禁置于管路保温层内，应在管路保温层外，沿管路保温层铺设。

c. 控制器安装的高度为距离地面 1.4～1.6 m。

d. 控制器应安装在不直接淋水又便于观察使用的地方，也不要与易燃物（如窗帘等）距离太近，以免发生安全隐患，特别是装有电加热管的主机，更要注意。

e. 控制器、电辅助加热器必须可靠接地,不正确的安装会导致控制器无法正常使用或永久损坏。

f. 仪表主机下盒盖务必扣紧,以防有水溅入。

g. 仪表后盖处,变压器散热窗口严禁堵塞,以免影响散热。

(6) 电伴热带的安装

① 安装方法。

a. 将伴热带平行敷设或缠绕在上、下水管上,用扎带或铝胶带固定,使伴热带贴紧水管。

b. 在首尾两端各用热收缩管或防水绝缘带做好防水绝缘。

c. 电源线沿水管进入室内,应配好漏电保护器,若有条件可选用带屏蔽的伴热带,做好接地保护。

管路支架安装电伴热带如图4-35所示;管路三通安装电伴热带如图4-36所示;管路弯头安装电伴热带如图4-37所示;孔板安装电伴热带如图4-38所示;管路吊架安装电伴热带如图4-39所示;管路焊接支架安装电伴热带如图4-40所示;球间安装电伴热带如图4-41所示;止回阀安装电伴热带如图4-42所示。

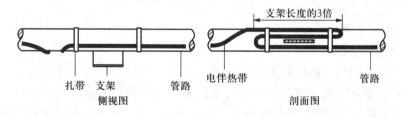

图4-35　管路支架安装电伴热带示意图

图4-36　管路三通安装电伴热带示意图

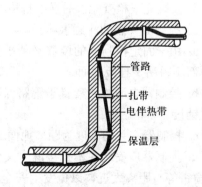

图4-37　管路弯头安装电伴热带示意图

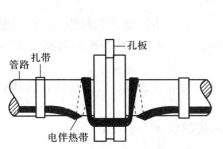

图 4 - 38　孔板安装电伴热带示意图

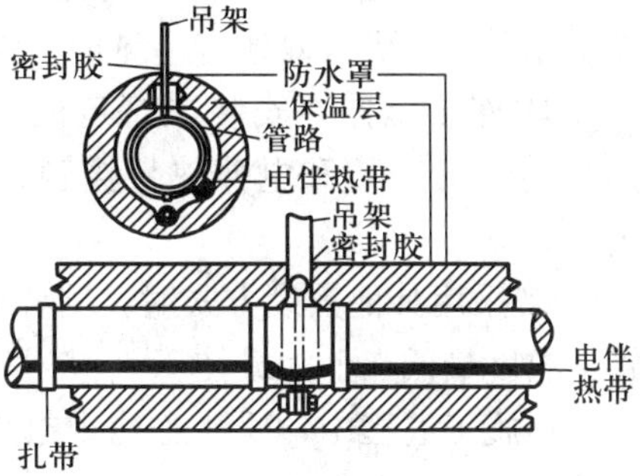

图 4 - 39　管路吊架安装电伴热带示意图

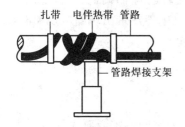

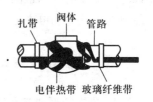

图 4 - 40　管路焊接支架安装
电伴热带示意图

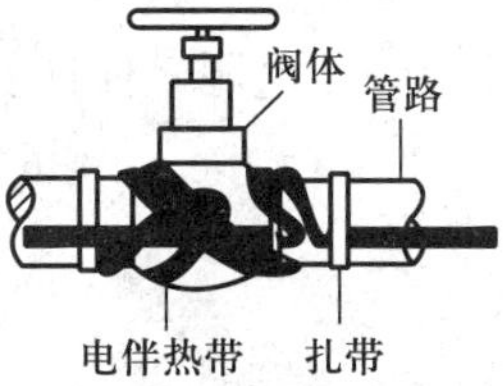

图 4 - 41　球阀支架安装电
伴热带示意图

图 4 - 42　止回阀安装电
伴热带示意图

② 接线方式。在电伴热带的端口切一斜截面，让它两线的距离相对较远，避免连接短路。用绝缘胶带缠绕使其充分绝缘，并将电伴热带的端头与管的端头对齐，用绝缘胶带固定在管路上，使其紧贴管壁。另一端为接控制器的端子，若有增压水泵，水泵接线与电伴热带并联连接。

接好电伴热带电源线，若控制器提供电伴热带开启功能，则可接入控制器；若控制器不提供电伴热带开启功能，则电伴热带需要专门接好一个插头，开启时插入电源插座即可。

③ 电伴热带安装的注意事项。

a. 长度足够。按需要保温的管道部分长度量取足够长的电伴热带，再多留 20 cm 左右的长度接线。

b. 线头错开。使电伴热带的接头以及尾端的两根线芯各错开 2 cm 以上。

c. 注意防水。用热缩管按要求处理电伴热带尾端和接头。

d. 放在中间。将电伴热带的接线端和尾端放在两保温层的中间。

e. 太阳能热水器专用电伴热带的最大敷设使用长度应小于包装合格证上面限定的长度。

f. 对横向管道进行平行敷设时，应保证电伴热带紧贴在管道的底部，这样在工作时才能更有效地传递热量，减少热损失。

g. 防冻传感器要安装在管道的上部（即电伴热带的相反方向）；不能将防冻传感器直接和电伴热带接触，否则就不能准确地检测到管道的实际温度。

h. 若采用其他敷设方式时，同样要注意防冻传感器的安装位置，将其放在管道温度最低点上为最佳。

i. 在施工过程中，要注意检查电伴热带的表面不能有划伤、裂痕等，一旦发现立即更换。

j. 安装智能控制器能够控制电伴热带工作，若单独使用电伴热带防冻，电源输入端必须安装漏电保护装置，不能直接使用普通的三端插头。接地保护线要与敷设电伴热带的管道可靠连接，这样，一旦电伴热带出现漏电现象时，漏电保护装置能可靠地动作，切断电源，保证安全。

三、避雷装置的安装

1. 雷电的形成与危害　雷电是带有电荷的雷云之间或雷云对大地（或大地上的物体）急剧放电的一种自然现象，通常伴有雷鸣和电闪。

（1）雷电的形成　雷电的形成过程，比较复杂，简要说明如下。

在闷热无风的夏天，天空中常常出现一朵朵白云，如果白云越来越厚，就有可能形成一种雷云，意味着雷雨即将来临。天空中要形成雷云，必须具备下述条件：空气潮湿含有足够的水蒸气；潮湿的空气能够上升，其中的水蒸气能凝结为水珠；上升的气流强烈而持久。在闷热的天气里，形成雷云的条件是经常存在的。空气中的水蒸气本已接近饱和，所以空气是潮湿的；加上无风，就能使气流强烈地上升；由于太阳的照射，接近地面的空气层很快受热上升，使气流能持久地上升。含有水蒸气的潮湿空气上升到一定的高度，温度下降，水蒸气凝结为水珠或冰粒。云里的水珠逐渐增大，质量渐渐增加，于是就要向下降落。下降的水滴，遇到强烈持久上升的气流，就会分裂而产生电荷。带正（或负）电荷的较大水滴下降，气流挟带着带负（或正）电荷的较小水滴继续上升。这种上升和下降的带电水滴，由于在运动过程中不断产生摩擦分裂作用，使电荷逐渐增加。等到一定量的电荷聚集在一起后，电压会升高到很大值，使带有不同电荷的两朵云之间，或云和大地之间的绝缘被击穿，便产生放电现象。这时就可以看到强烈的闪光，还可听到空气爆炸的轰鸣声，这就是雷电。闪光和爆炸声，就是我们平常所说的闪电和打雷。因为声音的传播速度是

340 m/s，而光的传播速度是 300 000 km/s，光的速度要比声音的速度快得多，所以，我们总是先看到闪光，然后才听到雷声。

雷电的形成如图 4-43 所示。

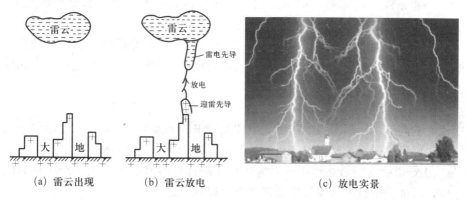

(a) 雷云出现　　　(b) 雷云放电　　　(c) 放电实景

图 4-43　雷电的形成

（2）雷电的形式　雷电的两种基本形式使物体产生过电压，一种是直击雷，另一种是感应雷。

① 直击雷。直击雷又称为直接雷电过电压，是指雷电直接对建筑物或其他物体放电，其过电压所引起的强大雷电流将通过这些物体入地，从而产生破坏性很强的热效应和机械效应。

② 感应雷。感应雷又称为感应雷过电压。是指雷电对线路、设备或其他物体，以静电感应或电磁感应所引起的一种雷电过电压。

（3）雷电危害的形式

① 直接雷击的危害。地面上的人、畜、建筑物、电器设备等直接被雷电击中，叫作直接雷击。发生直接雷击时，巨大的雷电流（200～300 kA）通过被击物，在被击物内部产生极高的温度（约 20 000 ℃），使被击物起火燃烧，使架空导线熔化等。

② 感应雷的危害。雷云对地放电时，在雷击点主放电的过程中，位于雷击点附近的导线上，将产生感应过电压，过电压幅值一般可达几十万伏，它会使电器设备绝缘发生闪络或击穿，甚至引起火灾和爆炸。

③ 雷电侵入波的危害。雷电侵入波是指落在架空线路上的雷，沿着线路侵入到变电所或配电室内，致使设备或人遭受雷击。

（4）雷电的破坏作用　雷电的破坏作用有很多种，主要有如下几种。

① 雷电流热效应的破坏作用。主要是当雷电流通过被击物时，使建筑物起火燃烧，导线断股熔化等，这是因为雷电流数值很大，在被击物内产生很高

的温度而造成的。

② 雷电流机械效应的破坏作用。最常见的有木电杆和树木被劈裂，建筑物被击倒摧毁等。造成这种破坏的原因有两种：

a. 被击物上落雷时，雷电流通道温度极高，通道内部的水分急剧蒸发，引起爆炸的破坏作用。

b. 静电作用产生的。当雷云放电之前，被击物各部都感应出同一极性的电荷，当雷云放电后，电场突然消失，被击物各部分同一极性的电荷产生相斥的冲击性作用，造成结构碎裂、塌崩。

③ 雷电激波气浪的破坏作用。来源于雷击时雷电通道能产生几千至几万摄氏度的高温，伴随着强烈的声光向四周冲击，形成高温、高压、高速的激波气浪，好像炸弹爆炸时周围产生的冲击波一样，具有一定的破坏力。

④ 雷电跳击的破坏作用。因为防雷保护接地装置的引下线上产生很高的电位，可能向附近的物体发生跳击放电，以致引起事故。

⑤ 静电感应和电磁感应的破坏作用。因为雷电流具有很大的幅值和陡度，在它周围空间形成强大的变化的电场和磁场，从而造成破坏作用。电磁感应能使开路导体的开口处产生火花放电，在有易燃，易爆物的房屋内，这种火花放电就可能引起燃烧爆炸事故。在闭合导体中能产生大量感应电流，引起发热燃烧。静电感应电压往往很高，因而引起破坏事故。

⑥ 跨步电压和接触电压的危害。它很可能造成人畜的触电伤亡事故。雷电直接击中人畜，当然立刻死亡。如果人站在离雷击地点 10 m 以内，也会因跨步电压而受到伤害。所以在建筑物防雷保护设计中，在人畜常到的地方和建筑物的主要入口处，应避免装设接地装置；独立避雷针与道路的距离，也不应小于 3 m，以防止造成跨步电压触电事故。

⑦ 架空线路包括电力线、电话线、广播线等，常常由于雷击使线路产生高电压，以致烧毁电器设备，造成人身伤亡事故。造成线路高电压的原因，一个是线路直接受雷；另一个是由于雷电的感应电压造成的。

此外，在雷雨结束时，常常会出现一种所谓"球形雷"，它是一种发红光或眩目白光的火球，运动速度大约 2 m/s，并且有嗡嗡的声音和极高的温度。球形雷可能从门户、窗口、烟囱等通道侵入屋内，如果接触到人，会使人灼伤，甚至死亡。它的实质至今还不十分明确，一般认为是一种带电的游离气体混合成的凝聚体，其中含有氮、氢、氧、少量的臭氧和氧化氮。

（5）太阳能热水器被雷击的形式　雷电对太阳能热水器的破坏主要有两种形式：

① 雷电直接击中太阳能热水器，在电效应、热效应和机械效应等混合力

作用下，直接将太阳能热水器的储水箱击穿。

② 雷击放电发生在太阳能热水器安装位置附近，使太阳能热水器的电源线、信号线等导体上感应出高电动势，并沿着导线传到室内，造成太阳能热水器控制系统及室内其他家用电器的损坏或浴室人员受雷电传导电击。

2. 太阳能热水器的防雷措施

（1）直击雷的防护

① 采用避雷针防护。太阳能热水器的储水箱一般设置在建筑物的制高点，是最容易遭受雷击的部位，也是直击雷防护的重点。当太阳能热水器不在建筑物防雷装置保护范围内时，需要单独安装避雷针进行防护。

避雷针的功能实质上是引雷作用，它能对雷电场产生一个附加电场（这附加电场是由于雷云对避雷针产生静电感应引起的），使雷电场畸变，从而将雷云放电的通道，由原来可能向被保护物体发展的方向，吸引到避雷针本身，然后经与避雷针相连的引下线和接地装置将雷电流泄放到大地中去，使被保护物体免受直接雷击。

② 避雷针的结构。避雷针是装在高出建筑物顶端一定高度的金属导体，一般是棒形的，它借金属引下线沿建筑物的屋顶和边缘与地下的接地体相连接。避雷针一般采用镀锌圆钢（针长 1 m 以下时，直径不小于 12 mm；针长 1～2 m 时，直径不小于 16 mm）或镀锌钢管（针长 1 m 以下时，内径不小于 20 mm；针长 1～2 m 时，内径不小于 25 mm）制成。

③ 避雷针的防护范围。根据《建筑物防雷设计规范》（GB50057—2010版）的规定，避雷针与太阳能热水器必须保持大于 2.31 m 的安全距离，以避免雷击产生的高位反击。当受空间限制无法满足太阳能热水器与避雷针的安全距离时，可将太阳能热水器的金属支架与避雷针做等位连接，并使避雷针与太阳能热水器必须保持大于 1.28 m 的安全距离。避雷针的高度应使太阳能热水器在其保护范围之内为前提。

避雷针应与建筑物原防雷装置相连。若太阳能热水器已安装在建筑物原防雷装置的保护范围以内，则在保证太阳能热水器与原防雷装置安全距离的前提下，不宜再将太阳能热水器的金属外壳、支架等与建筑物原防雷装置进行连接。

④ 避雷针的选择。在屋顶上安装的太阳能热水器若不在建筑物的防雷保护范围内，应在距太阳能热水器水平方向 1 m 左右处安装 2 根高度为 2 m 左右的等高避雷针或 1 根高度为 3 m 左右的独立避雷针，而且避雷针的接地线应与建筑物的防雷接地线可靠连接。

⑤ 避雷针的安装。避雷针可安装在太阳能热水器附近的墙上或屋顶上，

如图 4-44 所示。

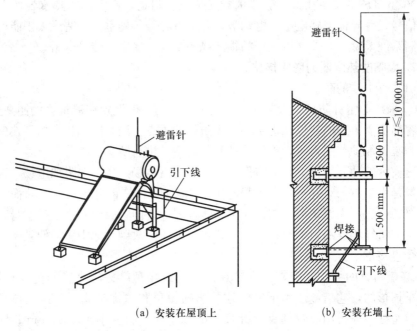

(a) 安装在屋顶上　　　　　(b) 安装在墙上

图 4-44　避雷针的安装示意图

安装前将避雷针尖和钢管进行热镀锌，并刷红丹一次，防锈漆两次。

引下线是防雷装置的中间部分，引下线常用镀锌圆钢或扁钢制成。如用圆钢，直径不应小于 8 mm，如用扁钢，截面积不应小于 12 mm×4 mm。

接地体是防雷装置的地下部分，尺寸比其他接地装置要大些。防雪装置的接地体一般可分为垂直埋设和水平埋设。采用角钢作垂直接地体时，一般多用 50 mm×50 mm×5 mm 的角钢；如用钢管，一般多用直径为 50 mm、壁厚不小于 3.5 mm 的钢管；如用圆钢，直径不应小于 12 mm。水平埋设的接地体采用扁钢，圆钢等。接地体的长度为 2~3 m，埋入地下后，顶端距地面 0.5~0.8 m，接地体间距为 5 m，接地体电阻小于 10 Ω。

(2) 感应雷的防护　感应雷击是指雷云对地放电时，产生电磁感应到电源线、信号传输线上，形成数千伏甚至更高的电压冲击波，使电子设备被击坏。感应雷击的危害范围可超过 10 km 以上。雷电灾害中 80% 的损失都来自感应雷击。

太阳能热水器是由室内控制器通过电源线、信号线连接到室外设备而实现控制的。电源线、信号线在敷设过程中不可避免地会暴露在室外，如果线路布置不合理，在雷击发生时，雷电电磁波就有可能沿这些线路侵入室内，造成太阳能热水器控制器及其他家用电器的损坏,重则造成人员伤亡。因此太阳能热水器对感应雷的防护也十分重要。进入室内的电源、信号线路应选用屏蔽电缆,屏蔽层要做好良好接地。也可将用于连接太阳能热水器的线路穿金属管敷设,金属管要做好接地处理。

(3)等电位连接 将浴室内所有金属物与原建筑物预留的局部等电位连接端子相连接,使浴室内所有金属物形成一个等电位体,以保护人身及电器安全。若原建筑物未预留局部等电位连接端子,则可以凿开建筑物内柱,与内柱的钢筋进行可靠连接。

等电位连接是太阳能热水器雷电防护的一个重要环节。因为现在安装太阳能热水器使用的上下水管绝大多数为 PVC 管,虽然 PVC 管壁有加强金属层,但没有和室内电磁阀及室外水箱做到金属连接。

等电位连接分为室外部分和室内部分金属构件的等电位连接。室外部分包括太阳能热水器金属支架、金属构件、避雷针、避雷带及线路屏蔽层等;室内部分包括线路屏蔽层、电涌保护器接地及其他金属管道的等电位连接。

四、几种太阳能热水器的安装

1. 几种特殊环境下太阳能热水器的安装

(1)在斜屋顶上安装太阳能热水器 太阳能热水器的集热器安装在斜屋面上时应符合以下要求:

① 跨越式支架适合安装在坡度为 30°左右,低屋脊的屋顶,如图 4 - 45a 所示。

② 可调节式支架适合安装在坡度为 60°左右,高屋脊的屋顶。

③ 跨越式和可调式支架可以相互拆换,还可拆装成屋面贴装式,如图 4 - 45b 所示。

④ 太阳能热水器的集热器可设置在南向、南偏东、南偏西,或朝东、朝西建筑坡屋面上。

⑤ 安装在坡屋面上的太阳能热水器的集热器应采用顺坡嵌入设置或顺坡架空设置。

⑥ 安装在屋面板上的太阳能热水器的集热器应安装在建筑承重结构上。建筑坡屋面在刚度、强度、锚固、防水、隔声等功能上应满足建筑结构设计要求。

⑦ 屋面上冷、热水管宜布置于保温管沟内。

(2)在高层住宅上安装太阳能热水器 在高层住宅的顶上安装太阳能热

(a) 跨越式

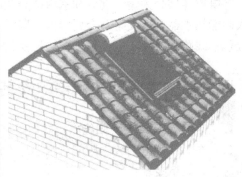

(b) 屋面贴装式

图 4-45　在斜屋顶上安装太阳能热水器

水器，如果顶层水压正常，可凭自来水压力上水。如果水压低，则要增加一个水泵。在小高层住宅安装太阳能热水器主要有以下 4 种方案可供选择，见表 4-3。

方案 4 虽然造价较高，但优点突出，不需要考虑水箱承重、电辅助加热预留、线路预留、供热水循环、热水计费等问题，是将来小高层住宅统一安装太阳能热水器的发展方向。

(3) 在无自来水地区安装太阳能热水器　在无自来水地区安装太阳能热水器，需要安装一个水塔（储水箱），将冷水泵入水塔（储水箱），供太阳能热水器及喷头用水。水塔（储水箱）要高于太阳能热水器。

(4) 在阳台上安装太阳能热水器

① 安装方法。在阳台安装太阳能热水器只能采用分体式。集热器有 3 种方案安装，即倾斜式、外挂式和嵌入式，如图 4-46 所示。

表 4 – 3　在高层住宅上安装太阳能热水器的方案

安装方案	示意图	优　点	缺　点
方案1：在楼顶每户安装一台自家用太阳能热水器（家用单台系统）		各住户的太阳能热水器相互独立、互不影响；运行过程中，不存在收费管理问题；系统投资最低，运行较稳定，技术成熟，安装简单方便	低层住户的太阳能热水器，使用时受到水压的影响，使用不便，甚至无法使用；各户的太阳能热水器都是一个独立的系统，因此上楼维修频率高，不方便，不便于管理和维护；摆放不方便，不易与建筑物相协调；各户上下水有两根管道，过多的管道使得管道敷设空间受限；不能实现热水资源共享，热水资源存在"旱涝不均"的问题
方案2：安装一至多台分体式太阳能热水系统，集热单元安装在阳台或墙面上，储热水箱放置在室内（分户集热分户储水系统）		住户的太阳能热水器相互独立、互不影响；运行过程中，不存在收费管理问题；各户的太阳能热水器水箱可放置在室内方便的地方，如地下室、设备间、卫生间、厨房、阳台、阁楼等位置。系统投资较高，运行较稳定，技术成熟	集热单元安装需高空安全、牢靠，否则易存在安全隐患；太阳能热水器采用自然循环，效果不理想，采用水泵强制循环，费电、水资源浪费高；需综合考虑各户集热器安装位置，否则会破坏建筑立面美观；受阴影角影响，阳台型采用光效率最低，成本较高；集热单元若采用高档产品，因此需采用高档产品，一个大储热水箱放置会出现维修不方便，高空安装位置；热水资源共享，热水资源存在"旱涝不均"的问题
方案3：在楼顶安装一个集中储水的太阳能热水系统，通过管道供热水至每户家（分户储水系统）		可以实现热水资源共享，不受楼层高低限制；可根据建筑情况灵活布局，运行可靠，上楼维修率低，楼面投资较低，系统投资较高，运行稳定；技术成熟	辅助能源用量受天气阴晴影响，不便于核算成本和费用；运行过程中，用热水需要收费，收费标准制定不当，容易造成物业和住户的矛盾；高空安装成本高，建筑设计需考虑楼顶承重问题
方案4：在楼顶安装集中的太阳能热水器集热系统，通过管道将集热水送至各户，给各家里安装储热水箱和辅助加热器（即集中热水分户储水系统）		各住户使用自家里的热水和辅助能源，并可以实现存在收费问题；不受楼层高低限制；太阳能资源共享，运行过程中，不存在一系统，运行可靠，上楼维修率；太阳能热水系统可由物业负责维修管理，运行与维修管理；只有一个系统，运行可靠，最易实现与建筑太阳能屋面建筑相结合，可以根据楼面建筑情况灵活布局，各户储水箱集中放置在屋面位置，集热系统放置在各户室内方便的位置	为方便使用和安全可靠，应采用承压型储热水箱，并带有电加热功能，因此水箱成本较高，从而造成系统成本增加；住户由于户内存储热水箱温度不同，热温互混现象，电气控制系统需特殊设计

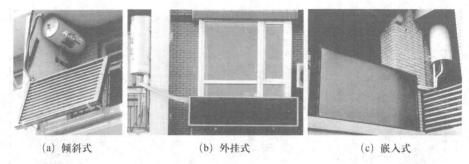

(a) 倾斜式　　　　　　(b) 外挂式　　　　　　(c) 嵌入式

图 4-46　在阳台上安装太阳能热水器的方案

② 安装步骤。

a. 此集热器采用阳台型支架固定。安装时应根据当地的纬度确定集热器的角度，阳台支架之间的间距根据用户的实际建筑情况来确定。

b. 循环进出水口一侧的支架螺栓定位孔比另一侧高 20～50 mm，利于换热介质循环。

c. 确定好集热器与储水箱位置，储水箱循环进出水口至少高于集热器循环进出水口 0.5 m。

d. 将支架和集热器固定。

为保证使用效果，连接管路单程不要超过 2.5 m，否则热量损失增大，造成储水箱温度相应变低。

③ 注意事项。

a. 水平、循环管口（东西都有）本身就有坡度，但还是应高一点。

b. 挂装时，将绳子上下各一道，从外墙吊挂。

c. 铝板框架、塑料封头应轻放。

d. 集热器介质出口应与储水箱介质进口相连，集热器介质进口应与储水箱介质出口相连。

e. 水箱底部高于集热器 0.5 m。

f. 室内用保温管保温，室外加厚。

g. 循环介质中应加防冻液。

2. 分体式与平板式太阳能热水器的安装

(1) 分体式太阳能热水器的安装

① 功能特点。分体式（阳台壁挂式）太阳能热水器具有豪华高雅的外观设计，并带有多重安全保护，是精心设计和制作的一款全新太阳能热水器产品，适于家庭、企业、宾馆、医院、学校等使用。其功能与特点有：

a. 一机两用，既可作太阳能热水器使用，又可作电热水器使用。

b. 采用耐酸碱腐蚀、耐高温、耐高压的高新科技的水箱内胆。

c. 采用智能控制技术。

d. 低热负荷超长电加热器设计，氧化镁晶体导热绝缘，使电加热管的使用寿命更长。

e. 超温、超压、防干烧、防漏电多重安全保护技术设计，确保使用安全、可靠。

f. 超厚保温层，保温性能好。

② 室内机的安装。

a. 在确定螺栓孔位置时，应保证其在室内机的右侧不小于 0.2 m 的空间，以便在需要时能对室内机进行维修。

b. 分体式太阳能热水器应装在坚固的墙壁上，墙体强度应能承受室内机注满水后的总质量的 4 倍，并不发生变形和裂纹。如不能够承受，则需要安装专用支架或采取加强措施。

c. 根据安装尺寸用冲击钻在坚固的墙壁上水平方向钻 2 个孔，孔深100 mm。

d. 把膨胀螺栓插入孔中，旋紧弯钩，并使钩向上。

e. 将室内机上方的挂架，对准膨胀螺栓弯钩挂牢。

f. 在确定支架牢固可靠后，再挂上室内机，否则室内机可能从墙上落下，损坏室内机，并造成严重的伤害事故。

g. 在墙壁上安装电源插座，电源插座的要求是：250 V/16 A，单相三极。电源插座的位置应设置在热水器的右上方。在水可能溅到的地方和墙壁上，电源插座的安装高度不能低于 1.8 m，确保水不会溅到插座上。不能安装在儿童可能触及的地方。

h. 如果浴室空间很小，室内机可安装在无日晒雨淋的其他地方。

i. 为了避免管路热量的损失，安装点应与用水点尽量靠近。

j. 机身安装完毕，晴好天气将控制器的水温调温旋钮调整到"0"。

③ 室内管路的安装。

a. 所有管件的螺纹规格均为 G1/2″（英寸单位，即圆柱螺纹内径为 12.7 mm的水管）。

b. 在分体太阳能热水器冷水进口处，必须安装单向安全阀。把随机附带的单向安全阀安装在室内机的进水口上（注意保持安全阀泄水软管向下倾斜，安装在无霜的环境中，并必须保持与大气相通）。

c. 在管道连接时，为了避免漏水，应在螺纹的端面处加装橡胶密封垫圈，将泄压软管安装在单向安全阀的泄压孔上。

d. 进水阀在正常使用时，要处于打开状态。

分体式太阳能热水器室内管路的安装如图 4 - 47 所示。

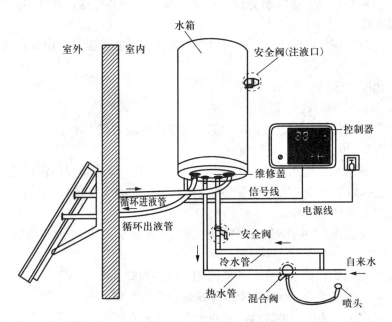

图 4 - 47　分体式太阳能热水器室内管路安装示意图

④ 室外机（太阳能集热器）的安装。

a. 组装挂架。根据施工现场的尺寸要求，组装与外机配套的可调式挂架。

b. 确定孔距。根据组装好的挂架上面的孔距，确定在墙上打孔的位置。需要注意的是室内机（水箱的机身）的最底部与室外机（集热器）的垂直间距要大于 0.5 m。

c. 打孔。集热器有循环口的一端的孔要比另外一端高出 5 cm。

d. 固定挂架。用合适的膨胀螺栓将挂架固定在墙壁上。

e. 安装室外主机。将组装好的室外机挂在已经固定好的挂架上面，确定有循环口的一端比另外一端高出 5 cm。

f. 在晴好天气安装室外机时应避免空晒（因安装不熟练，造成安装耗时过长时，应将太阳能集热器暂时遮阳）。

g. 室外机固定完毕后，在集热器循环口上方 15 cm 左右处确定好过墙孔的位置，在室内斜向下打好过墙孔，过墙孔的直径可根据安装现场的实际情况而定，无论直径多大，都必须适合保温。

h. 室内管路连接。冷热水管可采用 $\phi 15\,$mmPPR 热熔管，美观大方，牢固耐用；冷热循环管可采用 $\phi 20\,$mm 铝塑管，口径大，易折弯，便于循环；冷水管从三通的侧出口进入，循环出管从三通的下部接出，循环管的长度越短越好，最长不要超过 $2.5\,$m。

i. 室内机和室外机的连接。室内机有上下两个循环口，上循环口与水箱的循环进口（水箱标示）连接，下循环口与水箱的循环出口连接好，应使用规格为 $\phi 12.7\,$mm、壁厚为 $0.8\,$mm 的柔性铜管连接室外机和室内机的循环口。

j. 管路连接完毕后，先将热水阀门打开，开始上水时，上水阀门应开得小一点，以便将集热器中的空气缓缓排出，注意上水时检查管路连接是否有渗漏。

k. 对整个系统重新检查，确定好各接口无渗漏后，将保温管套在循环管路上，最后用银白色的包扎带将保温管自下向上缠好。

（2）平板式太阳能热水器的安装

① 在平屋顶上的安装。将支架地脚固定于带有预埋铁的地脚基础上，或制作水泥砖，在水泥砖上打膨胀螺栓，把支架地脚固定在膨胀螺栓上。将集热器放在支架上，用螺栓将集热器固定在支架横梁上。

② 在斜屋顶上的安装。在屋顶将需要安装固定平板集热器处的瓦片拿开，用自攻螺钉或不锈钢钉将集热器地脚固定在挂瓦条上（也可预埋膨胀螺栓）。将集热器放在支架上，调整好位置，装上螺栓并紧固螺母。

第五章 太阳能热水器的使用

一、太阳能热水器的使用原则与方法

1. 太阳能热水器的使用原则

（1）配管施工时，输水管内可能沾有尘埃或油污，首次使用时可拧开水龙头先排除杂物、异物。

（2）先装满水后再使用。热水器在使用期内，必须保证装满水，避免空晒热水器。热水器空晒时，内部温度有时可达 80～90 ℃，严重影响热水器的使用寿命。

（3）检查排气孔。

（4）依使用水质状况定期打开集热器下端的排污口进行排放，排水时间可选于早上集热器低温时（如果水龙头常有沙状异物或出水色泽深，更应勤于排放）。

（5）定期擦拭集热器透明面盖，以获得较高的集热效率。

（6）注意调节水温。热水器经过太阳照射后，其水箱内部的热水有温度分层现象，即底部水温低，顶部水温高，使用时应进行相应地调节。

（7）检查管路，保证管道运行通畅。日照好而水温不高，大体有 3 种原因：一是上下循环管接错，无法循环；二是循环管道有堵塞现象；三是循环管路有反坡，造成管内气堵而循环不正常。确认热水器运行是否正常，可用手触摸集热器的盖板，若盖板太热，说明运行不正常。

（8）连续晴天多日不使用热水时，热水器中的热水温度可达 70～80 ℃，要小心，防止烫伤。

（9）水龙头出口端有滤网装置，水管内的水垢杂物会聚集于此，应定期拆下清洗，使水流顺畅。

（10）在寒冬季节，若不使用太阳能热水器，应在集热器最低点排水口将机体内部水完全排放干净，防止冻结损坏机体。

（11）微量的洗手用水，不要开启热水端龙头，因为热水会残留在热水管中造成浪费，热水尚未流出来，已用管内冷水洗净了。

（12）每 6 个月应检查安全泄压阀弹簧的动作功能。

（13）如果加装有电热辅助装置，应每月检查按钮及漏电断路器的激活功能。

（14）定期检查保养重于事后维修。

2. 太阳能热水器的正确补水（或上水）

（1）正确补水时间　太阳能热水器上水最好是选择在非高温的情况下上水，最佳时段为日出前或日落后 2 h 上水，这是因为太阳能热水器的集热板能够迅速集热保温。若在温度极高的情况下给太阳能热水器补水，由于补水的温度比较低，而太阳能热水器温度高，就可能会造成由于温差过大而造成炸管等问题故障。

热水器上水后要尽量保证能够加热一个阳光日，这样，能够最大限度地保证水温，如果当晚用完水后立刻上水，很容易影响第二天早晨的水温。

（2）补水的方法　根据自家太阳能热水器的水流控制系统来进行补水，其方法如下：

① 靠溢流管感知水满的热水器。先打开无级调节阀上水功能或上水球阀，给太阳能热水器进行补水，如果安装在室内的溢流管有水流出，表明水箱已经上满水，这时关闭无级调节阀上水功能或上水球阀即可。

② 装集成阀的热水器。打开上水阀，自来水通过上下水管路开始给太阳能热水器进行补水，水满自动关闭，当使用水的时候关闭上水阀，打开用水开关或混水阀即可。

③ 安装有上水功能控制系统的热水器。按控制系统的上水键，电磁阀打开，给太阳能热水器进行补水，当到达设定水位后控制系统即停止给太阳能热水器补水。

（3）判断太阳能热水器水满的方法

① 一般太阳能热水器安有溢流管，可根据溢流管是否排水来判断水满状态，如果是手动上水，待冷水上满以后，溢流水管会出水，此时关闭上水开关即可。

② 全自动太阳能热水器在上满水后会自动报警，可根据报警信号判别。

（4）不能补水的时间　全玻璃真空集热管式热水器上水时间有限制，最佳上水时间为早上日出前或晚上日落 2 h 后，最好在洗完澡之后。在长期外出时，应上满水后关闭上水总阀门和电源，并遮挡真空集热管，以延长真空集热管的使用寿命。

3. 太阳能热水器电气部件的使用

（1）电加热器的使用

① 安装有电加热器控制系统的太阳能热水器，需对电加热器的启动条件

进行设置，符合条件启动，反之关闭。当感觉天气不好，水温不能达到洗浴要求时，应启动电热辅助系统。启动电热辅助系统之前，先检查电保护插头功能是否正常：将漏电保护插头插在对应型号的插座上，点按"复位"键，指示灯亮，点按"试验"键，复位键跳起，指示灯灭，表示此漏电保护插头功能正常。测试正常后按下复位键，指示灯变成红色，表示开始加热，当加热到设定温度时，漏电保护插头的指示灯变成绿色，并维持恒温状态。

② 电加热管夏天长期工作在 80～100 ℃高温、高湿环境中，一定不能为了省钱而使用伪劣产品。应选用高效防腐（耐腐蚀的主要原材料镍、铬含量高达 33％和 22％，比普通不锈钢高数倍）、抗干扰性能优良、有 8～15 年使用寿命的。

③ 应由专业人员安装电加热装置。

④ 洗澡时一定要拔掉电加热装置的电源插头，严禁带电使用。

⑤ 检修电加热装置时，必须拔下电源插头。

(2) 电伴热带的使用　太阳能热水器暴露在室外的管路上加装电伴热带，是最有效的防冻方法，但一定要注意正确使用。

① 如果需要加热的管路较长，可以采取多段并联使用，来延长加热长度。

② 在室外气温低于－5 ℃左右时通上电源，伴热带将自动调节输出功率。室外气温低，伴热带输出功率就高；室外气温高，输出功率就低。

③ 寒冬时可一直通电，前提是必须使用符合国家标准的伴热带，同时使用热水时必须关闭电源。管路冻堵会影响太阳能热水器管路的使用寿命，要以提前通电预防为主，不应事后依赖伴热带解冻。

(3) 控制器的使用　这里以清华 TH－YB－Y－A－m 型浴宝（控制器）为例，介绍太阳能热水器全自动控制器的设置和使用方法。

① 启动和设置参数。接上电源，所有段位点亮 5 s（自检），而后蜂鸣器鸣叫一声，显示实际温度、实际水位、时间（默认值为 12：00）、加热时间（默认值 16：00）、上水时间（默认值为 22：00）。

a. 简单操作。在中午 12：00（误差 2 min）接上电源（注意必须使用单相三极 10 A 插座，接地要可靠），10 s 后，控制器将按预设默认程序自动运行。如果不想在 12：00，只要通过按设置键和上调、下调键把时间重新调整即可。

默认程序数值见表 5－1。

表 5－1　默认程序数值

默认水温	默认水位	定时加热时间	定时上水时间	背光
50 ℃	6 格（满水）	16：00	22：00	开

b. 参数设置。按功能键，此时温度显示闪动，等待按上升、下降键进行调整。如闪 8 下，而用户不操作即不按上升、下降或功能键，将停止闪动，退出系统设定。继续按转换键进入下一个调节。

连续按功能键将依次调节温度（默认值为 50 ℃，调节范围为 30～80 ℃）、水位（默认值为 6 格，调节范围为 3～6 格）、循环加热的启动值（默认值为低于设定值 5 ℃，调节范围为 1～9 ℃）、管路循环的间隔时间（默认值为 30 min，调节值分别为 15 min、30 min、45 min 和 60 min）、管路循环的循环时间（默认值为 1 min，调节范围为 1～9 min）、时钟的小时数、时钟的分钟数、加热时间的小时数、分钟数、上水时间的小时数、分钟数、上水时间的小时数、分钟数（时间为 24 h 制）。

系统在设定状态（即设定参数闪烁）时，除正在设定的功能外，对其他功能运行状态无影响，比如正在加热进行中可以调节上水时间等。

停止按键约 5 s 后闪动停止，控制器将按设定的程序进入自动运行。

c. 初次上水。应先按"手动上水"键打开电磁阀，再打开冷水阀门上水，不能先打开冷水阀门后开电磁阀，否则易损坏电磁阀。

d. 误差调整。控制器长期运行后（如半年或一年），时钟显示数值与当时标准时间之间会有误差，一般误差范围在 20～30 min 之内，对使用没有大的影响，不必调整，误差超过 30 min，可考虑进行一次调整。

② 手动上水。

a. 水位低于预置水位时，按手动上水键，可实现手动上水至预置水位。

b. 在上水过程中，再按一下上水键，则停止上水。

c. 当水箱水温高于 95 ℃且无水时，系统自动停止上水，即使按动上水键也不能上水，以保护集热管不因骤冷而炸管。

d. 上水过程中，上水标志"1"显示。

③ 定时上水。

a. 液晶背光显示屏显示的上水时间就是自动上水的时间，到达设定时间后如果水位低于设定值，自动开始上水，到达设定水位停止。

b. 在显示上水时间时，按一下定时上水键，显示就变为"—：—"，定时上水取消；在取消状态下，再次按一下定时上水键，显示上水时间，定时上水启动。

c. 上水过程中，显示上水标志"1"。

④ 手动加热。

a. 当水温低于预置温度时，可以按手动加热键启动电加热，可实现加热至预置温度后自动停止加热。

b. 在加热过程中，再按一下手动加热键，则停止加热。

c. 当水箱水位不足 3 格时，如果按动手动加热键，控制器将先自动上水到所设定水位后，电加热自动启动。

d. 加热过程中，温度符号℃和电加热标志"2"同时闪烁，背光闪烁（背光开时）。

⑤ 定时加热。

a. 液晶背光显示屏显示的加热时间就是电加热自动启动时间，到达设定时间后如果水温低于设定值，电加热启动，达到设定水温停止。

b. 如果水箱水位低于 3 格，将先自动上水到设定水位，然后电加热器自动启动。

c. 显示时间时，按一下定时加热键，显示就变为"—：—"，定时加热取消；在取消状态下，再按一次定时加热键，显示加热时间，定时加热启动。

d. 加热过程中，温度符号℃和电加热标志"2"同时闪烁，背光闪烁（背光开时）。

⑥ 循环加热。

a. 同时按上调键▲和下调键▼ 3 s，听到"嘀"的一声，同时循环加热标志出现，表示循环加热功能启动。再次同时按上调键▲和下调键▼ 3 s，关闭循环加热功能。

b. 出现循环加热标志"3"后，若水箱水温低于 5 ℃（1～9 ℃可调，默认值为 5 ℃），循环加热立即工作，即启动电加热到高于设定温度 3 ℃后停止；当水温逐渐降低到低于设定温度 5 ℃时，系统自动启动循环加热；直到高于设定温度 3 ℃后停止，如此反复循环。

c. 连续按设置键 3 次，此时显示屏上温度标志处"5"和循环加热标志"3"同时闪动，按上调键▲和下调键▼可调节循环加热启动值（调节范围为1～9 ℃）。

d. 循环加热功能在水位高于 3 格时有效。加热过程中，温度符号℃和电加热标志"2"同时闪烁，背光闪烁（背光开始）。

⑦ 自动上水（非默认功能）。

a. 默认无自动上水功能，同时按定时加热键和定时上水键 3 s，启动无水自动上水功能，启动该功能后再同时按定时加热键和定时上水键 3 s，关闭自动上水功能。

b. 启动自动上水功能以后，当水箱内水用完 15 min 后，系统自动打开电磁阀上水到设定水位。

⑧ 伴热带（和管路循环为二选一功能）。

a. 同时按定时加热键和手动加热键 3 s，听到"嘀"的一声，同时伴热带启动标志"5"出现，表示伴热带功能启动。

b. 再次同时按下手动加热键和定时加热键 3 s，关闭伴热带功能。

c. 出现伴热带启动标志后，管路伴热带开始工作，加热管路防止管路冻裂。

⑨ 管路循环（非默认功能，和伴热带为二选一功能）。

a. 同时按下手动加热键和自动加热键 3 s，听到"嘀"的一声，同时管路循环启动标志"5"出现，表示管路循环功能开启。

b. 再次同时按下手动加热键和自动加热键，直到听见"嘀"的一声，表示管路循环功能关闭。

c. 管路循环启动后，管路循环泵定时工作，循环管路中的水，每间隔 30 min(15 min、30 min、45 min、60 min 可调，默认值为 30 min) 循环一次，每次循环 1 min(1～9 min 可调，默认值为 1 min)，实现一开就有热水。

d. 连续按设置键 4 次，此时显示屏上温度标志处"30"和管路循环标志"4"同时闪动，此时按上调键▲和下调键▼可调节管路循环的间隔时间（调节值分别为 15 min、30 min、45 min 和 60 min）。

e. 连续按设置键 5 次，此时显示屏上仍为温度标志和管路循环标志"4"同时闪动，此时按上调键▲和下调键▼可调管路循环的循环时间（调节范围为 1～9 min）。

f. 在日常使用中，可以随时按此时显示屏上温度标志和管路循环标志"4"同时闪动，此时按上调键▼ 2 s，听到"嘀"的一声，则立刻启动管路循环泵，1 min（该时间与设 7 定时间相同）后自动关闭。

⑩ 增压泵。如果选用该功能，当系统打开电磁阀开始上水时，增压泵功能也会同步自动启动，实现增压上水；停止上水，增压泵也同时关闭。

⑪ 组合键。

a. 手动上水键＋自动上水键：背光灯开/关。

b. 手动加热键＋自动加热键：启动/关闭伴热带或管路循环。

c. ▲＋▼：循环加热开/关。

d. ▲＋功能键＋▼：循环复位，恢复出厂设置。

e. 定时加热键＋定时上水键：启动/关闭自动上水功能。

4. 太阳能热水器使用的注意事项

① 严禁湿手操作电气部分，洗浴前将电热辅助系统和防冻带切断电源，严禁将漏电保护插头当作开关用，电气部分严禁频繁启动。

② 发现冷水管路中有热水时应及时报修，以防热水回流将冷水管路烫坏。

③ 室内气温低于 0 ℃时，太阳能热水器不能使用，应将管路中的水放空并保持放水阀门常开，以防冻坏管路及室内铜配件。

④ 雷雨、大风天气时严禁使用太阳能热水器，应将水箱中水上满增加自重，并将控制系统部分切断电源。

⑤ 排气口严禁堵塞，以免排气不畅而损坏水箱。

⑥ 太阳能热水器出现问题应及时与特约维修站联系，切勿私自改动或找非指定点报修。

⑦ 严禁用喷头直接放高于 60 ℃的热水。

⑧ 小孩、老人洗浴时需有人陪护，防止烫伤。

⑨ 洗澡时严禁将水喷淋电气部分，尤其当使用浴霸时更应注意。

⑩ 如果天气不好，想洗浴时应提前启动电热辅助系统。

⑪ 混水阀在不使用时应将把柄转到冷水端或热水端，防止通过混水阀窜水。

⑫ 启动电热辅助系统时，必须确认水箱中的水位高于 2 格，如果没有仪表，必须在确认水满状态下进行加热。

⑬ 为了防止白天太阳光照射后水受热膨胀在溢流管中往外滴水，可以在上满水后，在淋浴喷头或其他用水处往外放一部分水，这样做在冬天可以防止冻堵排气口。

⑭ 注意收听收看天气预报，如当天光照不强，可根据实际需要上 1/3 或 2/3 的水。

⑮ 因停电防冻带不能使用时，将用水阀门稍微打开滴水，可以起到一定的防冻效果。

⑯ 承压式水箱顶部溢流口和排气口绝不能堵塞，否则会因水箱水压过大而造成水箱破裂。如果自来水压力过高，上水时阀门的开启度要小些，避免因来不及泄水而胀破水箱。

⑰ 在长期不用时应用不透光材料对集热器进行遮盖，防止水箱过热和密封材料老化。

⑱ 每年都应检查一次水箱是否漏水、零部件是否老化、集热器是否损坏、支架是否生锈等，发现问题应及时请专业安装维护人员更换和修补。

⑲ 在安装结束后，第一次上水必须在早晨或晚上，因空晒会使真空管温度很高，突然进冷水将会造成"炸管"。水箱内的水要保持一定的量，避免空晒而影响玻璃真空管的使用寿命。

⑳ 热水器安装后，非专业人员不要轻易挪动装卸整机，以免损坏关键元器件。

㉑ 带辅助电加热的热水器在使用时应断电，切忌带电洗浴。

㉒ 在晴天，白天不能上水，因为真空集热管无水空晒时温度可达 200 ℃以上，如在此情况下给太阳能热水器上水，真空集热管会突然遇冷而爆裂。太阳能热水器的上水时间最好是在晚间或早晨日出前，白天确实需要上水时，须在遮挡集热器 1 h 后再上水。

㉓ 真空集热管式太阳能热水器水温可达 70～90 ℃，平板式太阳能热水器最高温度可达 60～70 ℃，洗浴时要进行冷热水调节。调节洗浴水温时，要先观看一下控制器上的水温，如果水温过高，应根据季节、水温和洗浴习惯，先打开混水阀门冷水开关，然后慢慢转向热水开关，调节水阀到水温适合洗浴温度为止，防止热水温度过高烫伤皮肤。在调节水温时喷头不要朝向人，避免烫伤。

㉔ 在气温不太低（7～5 ℃）的情况下，晚上用完水后，太阳能热水器内还有部分热水（真空集热管内的水），为了防止热散失过大（水量越少，热散失就越快），应立即上满水，降低太阳能热水器内部水温，可降低夜晚的热损失，以充分利用热能。

㉕ 夏季白天用完热水后，不能立即上水，应在日落 2 h 后上水。避免因日照辐射强度高，蒸干太阳能真空集热管里面的水，产生 200 ℃以上的高温，而影响真空集热管的使用寿命。在用水量比较少的情况下，尽量使用遮阳物遮住真空集热管，减少吸热量。在春、秋、冬季，如果长时间不使用太阳能热水器，也应使用遮阳物遮住真空集热管。

㉖ 当太阳能热水器水箱水位低于 50％时，切勿强行启动电加热器。使用电加热器前必须检查漏电保护器，加热完毕后切断电源。部分型号的智能控制器具有漏电保护功能，用户用水时只需按下加热键关闭加热，即可放心使用，不必拔下电源插头。

㉗ 当发生雷电时，应及时断开电源，停止使用太阳能热水器。

㉘ 台风天气条件下，应保持太阳能热水器水箱处于满水状态，避免台风吹翻太阳能热水器。

二、特殊环境下太阳能热水器的使用

1. 冬季与夏季时太阳能热水器的使用

（1）冬季正确使用太阳能热水器　冬季赤纬角为负值，太阳射线与地平面夹角小，辐射能流低。因此稍稍提高太阳能热水器角度，尽可能使光线垂直照射到真空集热管。根据我国冬季太阳光入射角度以及兼顾冬、春、秋三季使用效果，选择最佳的黄金角度为 45°，使集热器向正南方，冬季前遮挡物阴影拉长，尽可能避免太阳能热水器被挡住。

冬季日照强度低，日照时间短，且环境温度低，有可能当天上水当天达不到设定的水温，此时可适当控制水箱内水量，或在必要时启动电辅助加热系统，或燃气辅助加热系统。

在冬季，由于气温较低，可能会导致真空管、水箱、管路内存水结冰。由于冰的密度小于水，在结冰的过程中体积会膨胀增大，从而造成真空管、水箱、管路的胀裂问题，故冬季使用太阳能热水器时，应注意以下几点：

① 太阳能热水器最好安装使用电伴热带，以防止上下水管路冻结。如果发生冻结，不得用电伴热带来化冻，这样不但耽误使用，而且有损太阳能热水器的使用寿命。

② 对暴露在外的水管、水表、水龙头等用水设施，可以用棉麻织物、塑料泡沫进行包扎保温。管路安装在北面、迎风之处的用户尤其要注意；室外水表井内要保持干燥，可在水表井中填充旧毛毯、碎布、稻草等；明装水表可以戴防冻罩，或者用防寒材料包裹。

③ 滴水防冻。晚上用完热水后，将水箱上满水，然后在热水器水龙头下放置一水盆，把热水阀松开一点，使其慢慢滴水，以保持管内水的流动，可避免管路冻堵。

④ 当温度低于 0 ℃时，每天最好多次、少量放水使用，气温越低越要勤放，以防水管冻堵。

⑤ 在保证安全的前提下，及时清扫真空管上覆盖的积雪，以免影响集热效率。

⑥ 如果发现太阳能热水器的防冻装置及保温材料已破损，一定要及时进行维修。

⑦ 对已冻住的水管，如果是塑料的 PP－R 和 PVC 管，用户可以自行用电吹风烘吹，也可以用热毛巾敷到水管上，再用 50 ℃左右的热水冲淋化冻，切不可以用火直接烘烤或用开水急烫水管、水表，以免造成管路开裂、损坏水表。

（2）夏季正确使用太阳能热水器

① 注意上水时间。严禁热水用完后立刻加水。因为夏季光照强烈，太阳能热水器管道在太阳的照射下，空晒温度很高这时上水极易造成管道炸裂。最好在早晨日出前或晚上日落 2 h 上水。

② 冷热水的调节。先打开冷水阀，适当调节冷水流量，再打开热水阀调节，直到得到所需的洗浴温度。

③ 根据天气情况决定上水量。根据天气预报决定上水量，如果明天是晴天，可以把水上满；如果是阴天或多云，则上半箱水；整天有雨，保留原有的水不上冷水。这样，可保证热水器仍有热水使用。

④ 定期检查热水器的管道。定期检查排气孔，保证畅通，以免胀坏水箱。检查水管保温层是否老化、开裂。

2. 雷雨与冰雹时太阳能热水器的使用

（1）多雷雨地区正确使用太阳能热水器　太阳能热水器通常安装在屋顶高处，故在雷雨天气里更容易遭受雷电袭击，造成太阳能集热板毁坏，还有可能雷电沿着电源线路、输水管等直接通入室内，造成人员或家用电器遭到雷击，因此必须注意防雷。

① 一定要为太阳能热水器安装防雷装置，使热水器处于避雷针（带）的有效保护范围内。防雷设施的安装要请具有防雷施工资质的单位进行施工。

② 太阳能热水器的整个电源线路要采取屏蔽保护，并在电源开关处安装电源避雷装置。

③ 虽然控制器本身具有防雷保护，但在雷雨期间务必要拔下电源插头，停止使用太阳能热水器，否则容易引起控制器的损坏。

（2）阴雨天气正确使用太阳能热水器　阴雨天太阳能热水器的集热器也会吸收一些太阳能，水箱的水温也会上升，只是水温较低，如果加装辅助电加热器，就可以用到所需热水。

① 在使用热水前，应提前启动辅助电加热器系统，加热的时间由水箱水位、水温及电加热器的功率决定。

② 在阴雨天使用太阳能热水器时，注意关掉电加热器，以防水箱水位过低后，电加热器干烧。

（3）冰雹多发地区正确使用太阳能热水器　玻璃金属式真空集热管的外层玻璃为 3 mm 厚的特硬高硼硅玻璃，抗冲击能力非常强，适合冰雹多发地区使用，对于频繁发生冰雹袭击的地区，应谨慎选用全玻璃真空集热管式太阳能热水器。

三、尽量延长太阳能热水器的使用寿命

1. 影响太阳能热水器使用寿命的因素　影响太阳能热水器使用寿命的主要因素有：

（1）真空集热管　真空集热管是太阳能热水器的核心部件，它的作用是将吸收的太阳能转化成热能，并使真空集热管内的水升温、循环。真空集热管的质量直接决定了整台太阳能热水器的使用性能。

（2）保温层　太阳能热水器的保温层处于水箱外皮与内胆之间，保温层性能的好坏直接影响太阳能热水器的实际可用热水量。

好的保温层采用优质原材料，如聚氨酯，导热系数低，耐高温；采用全自动恒温高压定量发泡，并经高温熟化处理，保温性能高且稳定持久。

（3）水箱内胆　太阳能热水器的水箱内胆长期在热水环境下工作，内胆应坚固耐用，耐腐蚀能力强，耐高温。

好的太阳能热水器水箱采用高铬高镍的不锈钢内胆，在高温状态下工作性能持久稳定，使用寿命长。

（4）安装质量　安装质量直接影响太阳能热水器的性能和使用寿命。

（5）使用、维护和保养　使用、维护和保养也是影响太阳能热水器使用寿命的重要因素。

2. 延长太阳能热水器使用寿命的技巧

为了尽量延长太阳能热水器的使用寿命，用户在使用过程中应注意以下事项：

① 热水器安装固定好了以后，非专业人员不要轻易挪动、卸装，以免损坏关键元件。

② 太阳能热水器周围不要堆放杂物，防止撞击真空集热管。

③ 严禁私自加装任何装置。

④ 定期检查排气孔，保持其畅通，以免排气不畅，胀坏水箱。

⑤ 定期检查真空集热管，看真空集热管有无变白或破裂等安全隐患，并且定期清扫真空集热管上的灰尘，注意不要碰坏真空集热器下端的尖端部位。

⑥ 外界环境温度达到 0 ℃以下时，使用热水后立刻手动上水，尽量保持太阳能热水器满水，防止传感器结冰损坏。

⑦ 因水箱内特别是真空集热管内水温较高，有些地区的水易结水垢，或直接使用地下水，水中矿物质含量多，水垢尤其严重，长时间使用会影响水质及热效率。可根据设计情况，2～3 年清理一次，清理时需请专业人员操作。

⑧ 使用辅助电加热器时，应特别注意水箱水位，应使水箱内水位不低于50%，以防止无水干烧，损坏电加热器。

⑨ 电伴热带耗电少、升温快、安全可靠，但不要经常接通电源，天暖时不要忘记切断电伴热带的电源。

⑩ 太阳能热水器越频繁使用越好。太阳能热水器投入使用后，要经常使

用，建议每天最好使用 4~5 次，间隔时间在 4 h 以内。若长时间不使用太阳能热水器，水箱内长时间处于高温、高压的状态下，会加快密封圈的老化，加速聚氨酯的老化、萎缩，有时排气不畅通，压力太大还会使水箱胀坏，还会结水垢，缩短水箱的使用寿命。

⑪ 打雷时不要使用太阳能热水器，因为热水器通常安置在屋顶，容易遭雷电感应。

第六章 太阳能热水器的维护保养、常见故障的诊断与排除

一、太阳能热水器的维护保养

1. 日常维护保养 太阳能热水器安装在室外，经受风吹、日晒、雨淋，运行环境较为恶劣，其使用寿命除与产品质量、安装质量、自然气候、使用频率相关外，还与维护保养密不可分。

经常性的维护保养对保持太阳能热水器的集热性能，正常使用太阳能热水器及延长其使用寿命都有着重要作用。日常维护太阳能热水器的主要项目有：

① 经常清除真空集热管表面积尘，注意避免重击、重压；经常清除平板式太阳能热水器透明盖板上的尘埃、污垢；保持太阳能热水器较高的集热效率。

② 根据当地的水质和系统情况，不定期排污，排污不及时或方法不妥，将会严重影响使用效果。

③ 根据当地的自然条件，做好太阳能热水器的防锈修补，及时更换太阳能热水器中失效的真空集热管。

④ 入冬前应检查太阳能热水器的管路保温情况，对管路保温达不到标准要求的地方进行整改。在冬季对于靠溢流管感知上满水的太阳能热水器，上满水后打开阀门放掉部分水，可以防止冻堵排气口。

⑤ 水龙头出口一般都有滤网装置，水管内的水垢杂物会聚集于此，应经常拆下清洗，可加大出水流量。

2. 定期维护保养

① 定期进行系统排污，防止管路阻塞；并对水箱进行清洗，保证水质清洁。排污时，达到在保证进水正常的情况下，打开排污阀门，排污阀流出清水即可。

② 热水器内的存水，应根据当地的水质状况作定期排放，排水时间可选在早上集热器温度较低时。

③ 定期清洗内胆，长期使用时，因水中含有的微量杂质和矿物质长期沉淀下来以后，如不定期清洗，会影响出水水质以及使用寿命。

④ 所有支架每年涂刷一次保护漆，以防锈蚀。

⑤ 安装有辅助加热装置的太阳能热水器，应定期检查辅助加热装置的工作是否正常。

3. 冬季维护保养

① 全面检查管道有无脱节、漏包、开裂等情况。检查保温设施是否完好。

② 对装有辅助加热装置的太阳能热水器，应在春、夏、秋每季都使用几次该装置，防止长期不用造成其失灵或自损，以确保冬季到来时能够正常使用。

③ 冬季气温在 $-8\,℃$ 以下时，对于不自动防冻的产品，每天坚持用几次水箱中的水，以升高管道温度，将取得较好的防冻效果。

④ 冬季，太阳能热水器水箱上的排气口容易结霜后冻堵，应采取防冻措施，以防堵塞。

⑤ 太阳能热水器的管路在折弯处、过墙处等部位容易冻住，这些部位是冬季保温检查的重点。在冬季，太阳能热水器如长期不用，应将上水阀门关闭，放空太阳能热水器和上下管路中的水，防止冻坏管路。

4. 真空管的保养

① 真空管是用玻璃制成的，易碎，切勿重力敲打或磕碰，以免破坏真空管。

② 真空管的真空度决定了它的保温性能，注意保护管子下端的尖端。

③ 真空管内管壁镀有选择性吸热涂层，保证了较高的光能吸收率和较低的热发射率，要清除水垢，可以加少许酸性物质摇晃即可。

④ 为了使太阳能热水器保持良好的集热效果，要经常清除真空集热管和反射板表面的灰尘。

⑤ 长期不用时应对集热器加以保护，防止高温空晒，冰雹多发地区应采取措施防止集热管被冰雹袭击。

⑥ 真空管空晒温度可达 $200\,℃$ 以上，第一次上水或无法确定管内是否有水时不能上水；不能在烈日下上水，否则会造成玻璃管破裂，最好是在清晨或夜晚或遮挡集热器后再上水。

⑦ 水箱和集热器上方不要悬挂重物及遮挡物。

5. 清除太阳能热水器的水垢

（1）水垢形成原因　太阳能热水器中的水垢和水渣的形成是一个复杂的物理化学过程。这个过程分为两步：第一步为水被加热后，一部分水蒸发了，水中的钙镁盐类物质浓度逐渐升高达到过饱和状态，从水中析出。第二步为结晶的钙镁盐类物质在受热面上形成各种不同密度和不同成分的固体附着物，形成水垢或悬浮在溶液中的水渣。

成为水垢还是成为水渣不仅取决于它们的化学成分和结晶状态，而且还与析出的条件有关。如在输水管道中，水中析出的碳酸钙常常结成坚硬的水垢。而在受热面中，如果水的碱度较强，又处于剧烈的沸腾状态，则析出的碳酸钙常形成海绵状的松软水渣。

水垢或水渣的形成不仅与盐类物质的化学成分有关，而且还取决于盐类物质和受热面之间的物理化学因素。如果金属受热面粗糙，便容易黏附过饱和溶液产生的固态结晶。金属受热面氧化层有相当大的附着力，它可黏附过饱和溶液析出结晶沉淀物。因此，金属表面粗糙或覆盖一层氧化物时，盐类物质沉淀出来黏附在受热的金属表面形成水垢；在光洁的受热金属面上，则多呈水渣。

（2）水垢的类型　太阳能热水器水垢的种类有：

① 碱土金属垢。包括以钙为主要成分的垢，如硫酸钙垢、硅酸钙垢、碳酸盐垢等；以镁为主要成分的：如氢氧化镁垢、磷酸镁垢等。

② 铁垢。包括以铁为主要成分的垢，如氧化铁垢、磷酸盐铁垢和硅酸盐铁垢。

③ 铝垢。是以铝为主要成分的垢，如硅酸铝垢。

④ 铜垢。是以铜为主要成分的垢。

硫酸钙垢坚硬而致密，在低压或无压太阳能热水器中主要以半水化合物或石膏的形式沉淀附着。

硅酸钙垢主要在等热负荷较大的受热面上形成，它沉淀为硅灰石，垢的硬度较大，导热性很差，能牢固地黏附在受热面上。

碳酸盐垢有着不同的特性，它既可以是坚硬的水垢，又可以是松软的水渣。当水进行微弱蒸发时，碳酸盐常沉淀成坚硬的结晶状水垢。当水进行剧烈沸腾时，碳酸盐又常常沉淀为水渣。氢氧化镁和磷酸镁易黏附在容器内壁上，形成二次水垢。

按水垢的形成过程可分为两种：一是盐类杂质在受热面上直接结晶而形成的一次水垢；二是易黏附在受热面上的水渣，形成二次水垢。

水渣分为两种：一种水渣易黏附在受热面上形成难以用机械方式除去的二次水垢；还有一种水渣呈流动状态不易黏附在受热面上，运行中可按照排污方法将其排出。

（3）水垢对太阳能热水器的危害

① 降低热效率。由于水垢比金属的导热系数小几百倍，因此，即使在受

热面上形成不太厚的水垢，也会因为热阻大，使其导热效率降低，造成热损失。受热面上结有水垢，会使金属壁局部过热，当壁温超过其工作允许极限温度时，就会使其局部鼓包，这种现象多发生在电加热器上，是致使电加热器损坏的主要原因之一。

② 降低循环量。太阳能热水器的真空集热管内结垢后，流通截面积减小，增加了水循环的速度和流动阻力，致使升温效果明显下降。

③ 降低使用寿命。水垢附在太阳能热水器真空集热管内，很难清除。为了除垢需要经常清洗，因而增加检修次数，造成浪费，而且可能由于除垢方法不当而降低了使用寿命。水垢附着在真空集热管的内壁上，将导致吸收的热量不能及时传递给水，造成温度过高，极易炸管。同样也导致太阳能热水器水温一年比一年低，最后造成真空集热管报废。

④ 腐蚀金属内壁。水垢是一种复杂的盐类，其中含有卤素离子，在高温下对铁有腐蚀作用。通过对铁质水垢的分析，可知它含铁量达 $20\% \sim 30\%$。水垢的侵蚀会使金属内壁变脆并不断向深处腐蚀。水垢是腐蚀太阳能热水器水箱内胆，造成漏水，破坏保温效果，降低太阳能热水器的使用寿命。以前用白铁制造的太阳能热水器用不了几年就漏了，就是水垢腐蚀的原因。现在的太阳能热水器水箱一般都是采用 304 不锈钢制作。在生产焊接时，虽然有氮气的保护，但受到高温影响，使焊缝附近的金属晶相发生改变，即由奥氏体转变为马氏体。含有氯离子的水在不断加热过程中，加速了焊缝周边金属的锈蚀穿孔。

⑤ 传感器失效。水垢的导热系数低，水温传感器一旦结垢，传感器内部的感温元件不能及时感应到外部水温的变化，使得显示的温度比实际水温要低。

水位传感器一旦结垢，使得水位显示出现偏差。这个过程一般有两种现象：一种是结垢初期水垢稀松似海绵状，这时的水垢能吸收水分，即使水箱内只有少量水也会因为毛吸现象而显示满水位。另一种是结垢后期水垢坚硬、致密，由于水垢降低了传感器检测信号的可靠性，即使是太阳能热水器水箱内满水也会显示缺水或无水。水垢还影响水温仪及电加热器的正常使用，导致设备损坏。电加热器外部一般为金属管，若金属管外面被裹上厚厚的一层水垢，其最直接的危害是耗电，正常情况下，100 L 的太阳能热水器在进行电加热的时间通常为 $3 \sim 4$ h，如果电加热器的外部金属管结了水垢，则需要 $6 \sim 7$ h。据不完全统计，国内约有 80% 的太阳能热水器事故是因水垢引起的。

(4) 太阳能热水器水垢对人体的危害　太阳能热水器水垢对人体的危害主要表现以下几个方面：

① 水垢中含有多种化学成分，长期的沉淀和积累使水中的有害物质不断

增加，可能导致皮肤过敏。

② 黏泥、微生物、细菌在长时间不断更新、交替反应中也生成了很多有害物质。能引发多种皮肤病。

③ 水垢会划伤人的皮肤，堵塞毛孔，引起各种皮肤病。水垢中还有一种有毒害的物质——硝酸盐和亚硝酸盐。

（5）清除水垢的方法　清除太阳能热水器水垢的方法主要采用化学方法和物理方法两种，见表 6-1，其中化学方法应用较多。

表 6-1　清除太阳能热水器水垢的方法

清除方法		清除方法
化学方法	酸洗法	可用盐酸、磷酸、铬酸及氢氟酸，但不能用硫酸，因为硫酸与水接触时，在水垢表面生成硫酸钙硬膜，使膜下的水垢不易接触到酸液。磷酸和铬酸虽然比盐酸有效，但由于价格太贵，所以一般都用盐酸。盐酸只能清洗碳酸盐水垢，酸洗时生成的氯化镁和氯化钙溶解度很高，容易除去，并伴有二氧化碳产生，起搅拌盐酸液的作用。对于纯硅酸盐水垢，可使用氢氟酸清洗。硫酸盐和硅酸盐为主的混合水垢，也可使用盐酸清洗。酸洗的作用在于用酸溶液溶解水垢与金属壁间的氧化铁层，使酸接触到金属，从而产生氢气泡使水垢脱落。酸洗前，必须首先根据结垢程度，精确地计算出盐酸用量
	碱洗法	主要是清除硫酸盐和硅酸盐水垢，还可以清除硫酸盐和硅酸盐的混合水垢，不能清除碳酸盐水垢。用碱洗法不是使水垢溶解除去，而是使水垢软化，再用机械的方法清除。所用的清洗药剂有碳酸钠和氢氧化钠两种
物理方法	机械法	用水冲洗或刷子清除。如果水垢很坚硬，可用电力或水力带动的洗管器来清洗。此法在水垢形成初期比较适用
	电子法	利用电信号改变水分子结构，使水加速释放出矿物质并让矿物质紧密结合在一起，结合的矿物质随水的流动而带走，可以预防水垢的产生
	其他方法	使用镁棒、添加矿物质、磁化等。这些方法都能有效预防水垢的产生

（6）太阳能热水器除垢剂的性能特点　太阳能热水器除垢清洗剂是一种弱酸性溶液，采用食品级原料，配以高分子合成原料，通过特制的表面活性剂的化学反应，能快速、彻底地清除掉太阳能热水器内壁与真空集热管内的水垢，绿色环保配方，对集热管、储水箱内胆、密封胶圈、塑料件等部件无腐蚀，是良好的除垢剂。

太阳能热水器除垢剂的主要性能特点有：

① 采用食品级原料，对人体无任何危害，清洗太阳能热水器水垢后可以直接使用太阳能热水器。

② 可快速、彻底地清洁太阳能热水器内壁与真空集热管内的水垢。

③ 强力高效，除垢效果好。

④ 对真空集热管、储水箱内胆、密封胶圈、塑料件等部件无任何腐蚀。

⑤ 绿色环保配方，清洗液可直接排放。

⑥ 太阳能热水器除垢剂为粉体，pH 为 6.5～8。

(7) 清除太阳能热水器水垢的步骤　太阳能热水器清洗步骤：

① 打开太阳能热水器进水口。注意不要让杂质进入。

② 将太阳能热水器除垢剂加入到储水箱。注意除垢剂应适量，既不要太多也不要太少。

③ 将太阳能热水器自动热循环 25～35 min，使除垢剂溶液充分接触各部位，使各个部位都得到一次彻底地清洗。

④ 打开排水口，排净清洗液。注意一定要排干净。

⑤ 将水箱加满水后再循环 2 min。

⑥ 排净太阳能热水器内部的循环水，这样整个清洗过程就完成了。

注意要点：

① 将水加热到 40 ℃左右除垢，效果更佳。

② 每 3 个月对太阳能热水器清洗一次，可保证太阳能处于良好工作状态，如果 1 年以上未清洗，应加大用量。

③ 如果太阳能热水器除垢清洗剂接触到人的眼、鼻等部位，应及时用清水冲洗。

二、太阳能热水器常见故障的诊断与排除

1. 太阳能热水器漏水

（1）故障现象　太阳能热水器漏水主要表现在：集热器漏水、水箱破裂漏水、水箱排气口处不断地往外漏水、电加热器等外部器件连接密封处漏水、管路接头处漏水、淋浴器处漏水等。

（2）故障原因与排除方法

故障原因 1：真空管密封圈未正确套在水箱内胆管口处；密封圈多次使用破损；密封圈安放处不干净，有杂物，如发泡液膜等。

排除方法：

第1步：顺时针、反时针旋转真空管，将真空管稍微插进，然后拔出，看现象会不会停止。

第2步：如果第1步不能见效，只能拆下真空管。拆的时候最好两人，一个手握顶部，一个人双手握住底部，在真空管插口处先倒些水，以便于拆卸，两人同方向来回旋转，先插入一小部分，脱开底托，再将真空管缓慢旋出。

① 分别检查硅胶圈是否损坏，有没有割缝，尤其是早期的太阳能热水器，由于当时硅胶圈孔没有内翻边工艺，硅胶圈一般只能用一次。如损坏则更换硅胶圈。

② 检查密封圈安放处有无杂物，如发泡液膜等。除去杂物、刮干净发泡液余留膜。用刀子适当修整发泡孔，确认胶圈安放不受其他物体阻碍后再插真空管。

③ 为防止旧的太阳能热水器未翻边的孔再割破硅胶圈，可以在硅胶圈卡缝缠上1～2层生料带，这样就不会割破胶圈了。对有的冲孔较大或真空管直径较小的情况，也可以用如上办法解决，效果较好。

故障原因2：排气口堵住造成太阳能热水器水箱被吸扁，使水箱破裂漏水。非承压的一般太阳能热水器都有一个进排气口，一些用户往往看到进排气口有流水现象就用东西堵住，造成太阳能热水器水箱抽真空现象，一旦用户打开水龙头，太阳能热水器水箱就会被吸扁。故障的现象是不锈钢内桶与发泡层脱离，一般可达1cm以上，有的造成真空管脱落、破损。

排除方法：更换水箱。

故障原因3：水位水温传感器失效。太阳能热水器的控制系统由两部分组成：控制器和传感器（探头），控制器本身故障很少，主要是水位水温传感器。由于水位水温传感器长期放在水中，水的温度冷热变化很大，往往在几分钟内变化达50～60℃；我国大部分地区水质较差，水中的碳酸钙含量偏高，有的还含有泥沙和青苔，水位水温传感器的工作条件变差，使得水位水温传感器在使用了一段时间后就失效了，失效的时间短的只有2个星期，长的可达3年以上，一般的情况下，传感器的使用寿命在1年左右。水位水温传感器的故障表现为：

① 水箱的水位显示不准确，水已经满出来了，但水位显示不满。

② 水位表示不稳定，标记或者数据跳来跳去。

③ 显示的温度与实际情况相差很大，表示水位水温传感器内部已经进水，电子线路被腐蚀失效。

④ 极少数情况是控制器故障，这种情况，建议连传感器一起换掉。

排除方法：更换同类型的水位水温传感器。

故障原因4：冒水是由于冷水进入热水管道造成的。

排除方法：为了防止冷水反串入太阳能热水器水箱，要求安装时在出水管道上安装单向阀，这样就可以防止冷水大量通过热水管进入水箱，但许多早期安装的太阳能热水器没有安装单向阀，造成日后使用的隐患。在建筑中，冷水和热水都有独立的管道，它们之间是不通的。但是用户的许多用水器具如冷热水龙头、燃气热水器、花洒、按摩浴缸等，都有可能提供互通的通道，由于冷水，即自来水是有压力的，一般比太阳能热水器的热水水压大，所以一般是冷水串入热水管，进而进入太阳能热水器水箱，造成水箱冒水。冷水要进入热水器必然要有通道，要排除这个故障，必须找到这条通道。

① 带有冷热水开关的阀门，内部构造种类很多，经常出现出水口关死了，不出水，但内部冷水和热水之间并没有关死，造成冷水泄露到热水管内，冷水反串到太阳能热水器水箱里，由于这种泄露水量和压力都很小，所以单向阀也没有办法将水道完全关死，造成泄露。检查各种阀门时，尤其要注意越是高档的开关越容易产生泄漏，对组合浴缸、淋浴房尤要注意。

② 组合开关设置不当造成倒流漏水，如图6-1所示。

③ 用户家里同时有燃气热水器的，应在太阳能热水器出水管入户处设立开关，同时燃气热水器进出水应设立开关，不用燃气热水器时燃气热水器管道要关死，因为燃气热水器的冷热水管道是通过加热燃烧器内的细管连通的，在同一个水源下不会出现问题，在两个水源（太阳能热水器水箱用另一个水源）就会发生问题。

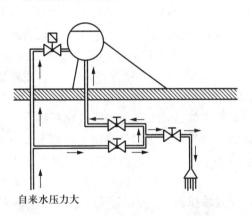

自来水压力大

图6-1　组合开关设置不当造成倒流漏水

故障原因5：电加热器孔余料未除净或密封圈不严漏水。

排除方法：将电加热器孔余料清除干净，或更换密封圈。

故障原因6：太阳能热水器的管路接头松脱或损坏，造成管路密封不严，使太阳能热水器漏水。

排除方法：拧紧管件或更换管接件。

故障原因7：接太阳能热水器的沐浴器管件处松动漏水，或沐浴器喷头漏水。

排除方法：拧紧沐浴器管件或更换沐浴器喷头。

2. 太阳能热水器的水箱无法上水或无法上满水

（1）故障现象　给太阳能热水器上水时，上水管的水不能进入到水箱，或上不满水。

（2）故障原因与排除方法

故障原因 1：机械进水开关失灵。机械式自动进水，采用浮球式进水阀门，如果浮球进水或是塑料件老化，都会造成自动进水故障。

排除方法：更换浮球或是将整个进水组件全部更换。

故障原因 2：水位传感器失灵。这是最常见的故障，由于水位传感器是控制系统的眼睛，如果它出现故障，控制器不能得到准确信号，也就不会做出准确的动作。

排除方法：对于导电式传感器，应更换传感器。对浮子式传感器，可以将它拿出来，清洗掉障碍物，即可再用。

故障原因 3：电磁阀导线接触不良或短路。

① 安装工在接线时，将两根导线用绝缘胶布包在一起，往往造成绝缘层被电流击穿，造成两根导线短路或者两根导线接头处有电阻，造成电压下降，电磁阀得不到启动所需的电压，无法启动。

② 导线由于没有全部装在电线管内，裸露部分被老鼠咬断；或由于固定不好，电线在风中摇动，时间长了造成断裂。检查的方法是：脱掉控制器电磁阀接口导线，将接往小型继电器的两条接线短接，用万用表 $R×100\ \Omega$ 挡测量，应为接通，如不通说明线路断路了，应采用顺藤摸瓜的办法，找到断路的地方。如果指针指示是通的，应断开短接头，用 $R×1k$ 挡进一步测量，阻值应在 $10\ k\Omega$ 以上，说明正常，如果小于 $1\ k\Omega$，则说明线路存在局部断路现象。

排除方法：重新包扎电磁阀导线，两根导线分别包扎；或是更换电磁阀。

故障原因 4：控制器失灵。太阳能热水器往往采用 220 V 的电磁阀，而控制器的电磁阀输出的是 12 V 直流电，此时要借助一个 12 V 的小型继电器驱动 220 V 的电磁阀，为此应检查控制器在进水状态下电磁阀输出端有没有 12 V 输出电压，以此来鉴别控制器是否出现故障。用万用表直流 50 V 挡测量控制器电磁阀接线端子两端电压，应该在 12 V 附近，如果没有电压，或者电压很小（5 V 以下），则说明控制器损坏。

排除方法：更换控制器。

故障原因 5：电磁阀失灵。在断电的情况下，拆下电磁阀一端的接线，用万用表测量电磁阀接线端的电阻，应该有几十千欧以下的电阻。如果电阻很大，达几百千欧以上，则说明电磁阀导线断路了，如果电阻测量正常，则应做进一步的检查。

排除方法：更换同型号的电磁阀。

故障原因6：水压过低。水压过低，水无法到达水箱上部或无法达到电磁阀的进水开启压力。一般的电磁阀开启需要一定的压力，一般是0.02 MPa；自然落水高低差应大于2 m，如低于这个数值，上水就比较困难了。

排除方法：

① 备水水箱的最低水位应高于太阳能热水器水箱的最高水位2 m以上。

②加装供水水泵。目前市面上有一种无压电磁阀，还有比较复杂的电动蝶阀，装上就可以满足以上供水条件。这时备水水箱的最低水位也要比太阳能水箱的最高水位高0.5 m以上。

如果水位高低差少于0.5 m，或者自来水的压力很小，可加装水泵来供水。

故障原因7：水管堵塞。如果上水管路被异物堵塞，或进水阀的阀门失效不能开启，使水不能进入太阳能热水器的水箱。

排除方法：清理水管堵塞之处，或是更换进水阀。

3. 上满水后，用水时无热水或热水很少

（1）故障现象　每次给太阳能热水器上水，均有充满水后溢流管回水现象，但使用太阳能热水器时，却没有热水或是热水很快用完。

（2）故障原因与排除方法

故障原因1：真空管密封圈渗水。真空管与水箱之间的密封圈处密封不严，造成不断渗水，使水箱的水逐渐流出。

排除方法：更换失效的真空管密封圈。

故障原因2：上水管路与水箱连接部位渗水。上水管路与水箱连接处松动，使水箱的水不断溢出，造成水箱缺水。

排除方法：重新连接上水管路与水箱的接头。

故障原因3：止回阀损坏。解决热水倒流的问题，是加装止回阀，在控制上水的阀门左右安装即可。如止回阀损坏，就不能起到控制热水倒流的作用，使热水慢慢溢出，造成水箱缺水或无水。

排除方法：更换止回阀。

故障原因4：热水管内有空气，形成气堵。

气堵常见有3种原因：前后排集热器循环管连接不当，造成气堵；集热器与水箱连接的上循环管有反坡，造成气堵；整排集热器由东向西造成往下倾斜，致使循环不畅，形成气堵。

排除方法：排出水管中的空气，就可以正常使用了。如果要根除这个故障必须更正水管安装布局，纠正反坡的现象。在管道改装之前，用户可尝试用如下的办法解决气堵。

如果系统装有水泵，可启动水泵，然后逐步打开房间的各个用水的龙头，通过水的压力将管道中的空气排出去。如果管道中空气较多，可能水泵的水流开关被气顶住打不开，水泵不能启动，将水流开关前端的活接打开，让水流出来，再锁上活接，水泵就能启动了。

故障原因5：管道堵塞。

若太阳能热水器的管路接口脱落或堵塞，管道冻结，喷水阀门失灵，或水龙头失灵等均会引起没有热水。

由于用水情况比较复杂，特别在水质较差的农村和城镇，很多时候是把河里的水直接抽到用户自备水箱，由自备水箱供给太阳能热水器，这种水中往往带有泥沙和青苔；还有的多层住宅顶楼的水塔里面也有污泥和青苔。而太阳能热水器的电磁阀进口处设有过滤网，有些用户为了保证用水的质量，在管道部件中也安装了过滤网，在这种用水环境下过滤网经常堵塞；或积在水管中的污泥和青苔往往将水道堵住。

排除方法：及时排除管道堵塞之处。

4. 真空管破裂

（1）故障现象　太阳能热水器的真空管破裂，造成水箱的水全部流失。

（2）故障原因与排除方法

故障原因1：真空管受冷热冲击。

在日常生活中，有使用过玻璃水杯的人应该知道，在刚刚盛过开水的杯子中倒入冷水，或者在刚刚盛过冷水的杯子中倒入开水，玻璃杯子都会炸裂。真空管太阳能集热器也是一样，由于某些原因，比如强制循环的太阳能热水系统进出水温差过大，阳光强烈的中午上水都会造成太阳能热水器真空管管口破裂。

由于冷热冲击造成的太阳能热水器真空管爆管是最为常见的，而且大多数情况下都不是因为真空管的质量问题或人为因素造成的。

为什么太阳能真空管只要在中午上水就会炸管呢？这是因为：真空管只要不是初次上水，其内部基本上都是有一部分水的，这样即便是在中午真空管的温度也不会超过100℃，但是，太阳能热水器真空管较厚的管口是最先接触温度变化的水的，特别是真空管内的水刚注满时，真空管口的上边缘和内表面浸泡在接近沸腾的水中，而下边缘和外表面还接触着刚刚注入的冷水，内外表面会同时浸泡在不同温度的水体里，较厚的管口加之较大的温差就产生了较大的内应力，这就是太阳能热水器真空管容易在冷热冲击下炸管的真正原因。

虽然管口经现代高科技的淬火工艺已经大大增强了其抗冷热冲击的能力，

但其抗冲击性能还是没法与拥有镀膜层的真空管内管相比。这就难怪由于冷热冲击造成的太阳能热水器真空管炸管都是从管口开始的。

由于各种原因（停电，停水，水压低等），个别时候集热器供水不足，集热器上部的真空管内就没水了，极易造成干烧的现象。这时，如果阳光很强，真空管内的温度在几分钟内就可能达到 300 ℃以上，此时如果供水恢复，冷水碰到高温的管口，就会造成管口爆裂。一般情况下，平行的管炸裂一根，水大量流出，就不会再造成新的炸管了，这称为"太阳能热水器的木桶效应"，应该提醒的是，此时不能再插入新的真空管。否则水位一上升，比该管位置高的管将产生新的炸裂。

排除方法：等日落后 1 h，再换上新的真空管。

故障原因 2：太阳能热水器安装不当。

① 水泵选择不当，扬程过高，或者采用自来水管网压力，导致真空管承受压力过大而炸裂。

② 水箱低于集热器，有时会造成太阳能热水器产生负压现象，导致炸管。

③ 太阳能热水器的排气阀安装位置不正确导致排气不畅，产生气阻，太阳能热水器上水后，真空管管口最大应力将接近许用应力，造成炸管。

④ 太阳能热水器安装角度不正确，集热器没有安装在同一平面上，导致真空管和水箱之间产生应力，当达到应力极限时，容易炸管。

排除方法：正确安装太阳能热水器。

故障原因 3：太阳能热水器真空管内有水垢。

太阳能热水器真空管内的温度常达到 80～90 ℃，易于产生水垢，附着在水箱和真空管的表面。水垢的导热系数较小，随着水垢层的加厚，使真空管吸热板和管内的导热流体热交换受阻，在水垢的内外表现形成一定的温度差，当太阳辐射较好时，水垢的外层温度较高，与内层形成较大的温差，造成水垢裂纹，管内的冷水沿裂纹进入到真空管的真空层内，造成炸管。

排除方法：清除太阳能热水器的水垢。水垢造成太阳能真空管炸管问题最难解决，不管是提前对水源进行软化处理，还是定期对太阳能热水器进行除垢处理，对于个人用户来说成本都相当高昂，效果也不尽人意。如果有条件使用水质达标的市政自来水的情况下尽量不要使用地下水等硬度较高的水源。

故障原因 4：真空管被顶出落地破裂。

在集热器的部分地方，如果水流不畅，造成局部汽化，使得局部压力变大，将真空管顶出来，造成真空管落地断裂。

排除方法：更换破裂的真空管。

故障原因 5：真空管被吸进水箱。

这种现象与汽化有关，当局部产生汽化时，如果碰到急冷，比如突然下雨。汽化的水蒸气很快变成露水，体积骤然变小，形成局部真空，此时集热器如果补水不及时，就会将真空管吸进集热水箱。如果管托不够长，就会产生真空管尾端悬空现象，造成真空管断裂。

排除方法：更换真空管，给水箱及时补水。

故障原因6：异物击坏真空管。

真空管是用玻璃制作，抗撞击能力差，若有异物撞击，容易破碎。

排除方法：排除可能撞击真空管异物的发生源。

故障原因7：真空管本身有质量缺陷。由于真空管本身有质量缺陷或杂质损坏真空管内壁，使内壁进水，低温下水结冰把真空管外壁胀碎。

排除方法：选用质量可靠的真空管；定期处理水垢等杂质；安装真空管防爆安全阀。

5. 晴朗天气太阳能热水器热水不热

（1）故障现象　在晴朗的天气，太阳能热水器的热水不热，或者热得时间长。

（2）故障原因与排除方法

故障原因1：集热器安装角度偏差太大。

行业内一般认为，太阳能热水器的安装位置在南偏西5°～10°为最好。

根据当地纬度选择适合的太阳能热水器集热器的倾角，是为了使太阳能热水器的受热面与太阳高度角保持较大的角度，获得更多的太阳辐射能。综合考虑各种因素，一般采用当地的纬度加10°作为热水器倾角。

排除方法：重新安装太阳能热水器，使集热器向南偏西10°左右。

故障原因2：有物体遮住太阳能热水器上方的阳光。如果太阳能热水器前方有树木、建筑、其他太阳能热水器等物体遮挡了真空集热管的采光，太阳能热水器的效率就会受到很大影响。有些热水器安装的时候是夏天，安装时前方物体不会造成遮挡，但是如果距离树木、建筑、其他太阳能热水器等物体没有足够远，到了冬天，就有可能造成遮挡。

排除方法：改善太阳能热水器的安装环境。

故障原因3：真空管表面灰尘过多。真空管表面的灰尘、树叶等杂物过多，光线不能直接照到真空管上，使真空管吸热少，水温上升慢。

排除方法：清除真空管表面上的灰尘等杂物。

故障原因4：水质差。水里泥沙过多（如井水），沉积在真空集热管内影响集热和循环。

排除方法：拆开太阳能热水器，用清洁剂、净水冲洗。

故障原因 5：空气烟尘多、污染严重。

我国绝大部分城市的空气都有一定的污染，长时间处在污染空气中，真空集热管表面由灰尘和污垢形成一层阻挡层，造成玻璃管的太阳透射降低，严重的能降低 5%～10%。

排除方法：在污染严重的地区使用太阳能热水器，用户宜定期擦拭真空集热管。

故障原因 6：集热器内有水垢。

我国很多地区水中的钙镁离子含量比较高，真空集热管内容易产生水垢，而真空集热管内管内壁上的水垢会使得热传导的速度下降，水中的泥沙等杂质也会积存在真空集热管的底部，使真空集热管的有效吸热长度减少，集热效率降低，太阳能热水器水温上升慢。

排除方法：一般地区最好 2～3 年清洗真空集热管一次，水质特别差的地区甚至要每半年就需要清洗一次。

故障原因 7：真空管漏气，真空度不足。

太阳能热水器的真空管是靠真空吸热，若真空管漏气，造成真空度降低，使吸热能力降低。

要检测真空集热管的真空度是比较困难的，一般的方法是看真空集热管底部的银色镜面是否完好，一旦银色的镜面消失，则说明真空集热管的真空度已经受到破坏，需要更换此真空集热管。

排除方法：更换真空集热管。真空集热管如果不出现破损，真空度降低得很慢，所以一般出现太阳能热水器水不热的情况，只有到了最后才会考虑更换完好的真空集热管。

故障原因 8：控制器失灵。

控制上水的控制器工作失灵，造成不断给水箱供水，使热水流失。

排除方法：可以修复控制系统，如果还不能克服，可以加装机械式水位控制器，限制水箱内的水位高度，使水不能溢出。

故障原因 9：保温措施不力。

太阳能热水器的上下水管路比较长，若管路没有保温或者保温比较差的话，热水从太阳能热水器水箱流到室内用水点的时候温度会有比较大的降低。

排除方法：安装时应使管路尽可能短；加强太阳能热水器管路保温，在北方地区加装电伴热带。

故障原因 10：未安装单向阀。

一旦用水器具（包括电磁阀）出现内漏，就会出现冷水向热水管回流的现象。如果装有单向阀，回流的水量很小，对系统的影响不大；如果没有装单向阀，冷水回流没有阻碍，就会造成水箱水满，水箱顶部的热水不断流失，用户就会感到水不热。

排除方法：加装单向阀。

故障原因11：水箱上的水嘴或排气孔过多。

排除方法：尽量减少水箱上的水嘴或排气孔的数量。

6. 出水忽冷忽热

（1）故障现象　太阳能热水器放水时，感到热水有一会儿热，一会儿冷的现象。

（2）故障原因与排除方法

故障原因1：水箱压力大且不稳定。

排除方法：用户可以在房顶加一个副水箱，既能蓄冷水又能稳压，兑冷水。若条件允许的话，加装恒温混合阀。

故障原因2：室内串水。

排除方法：检查室内管路，分离冷热水管，洗浴时不要开另外的自来水阀门。

故障原因3：恒温阀或混水阀的调节阀失灵。

排除方法：更换恒温阀或混水阀的部件。

故障原因4：没装止回阀。

排除方法：加装止回阀。

故障原因5：自来水压力比热水压力大。

排除方法：先开冷水微量，再打开热水，然后微调冷水流量。

故障原因6：冷热水调节阀的质量差。

排除方法：如偶然发现冷水压力变化，则水压稳定后即正常。如冷水水压长期不稳定，应加装恒温阀或加装冷水箱。冷热水调节阀应选用专为太阳能热水器配套的冷热水调节阀。

7. 出水压力不足

（1）故障现象　在用太阳能热水器热水时，水龙头出水很小，淋浴器花洒形不成水柱；或采用混合水龙头时总是出冷水不出热水。

（2）故障原因与排除方法

故障原因1：自来水压力不足。为了得到适宜温度的水，混水阀需要足够的冷水来调兑热水，如果自来水水压不足，调兑出的适宜温度的热水量比较少，造成花洒出水量小和压力不足。

排除方法：在管道中加装增压水泵。

故障原因2：太阳能热水器到用水口的高度差较小，使太阳能热水器的水压过小。

排除方法：增加太阳能热水器到用水口的高度差。对于有些农村的楼房，因为没有自来水，可采用一个小型的水塔供水，先把水抽到水塔里，再送到太阳能热水器的水箱里。水塔与太阳能热水器之间的落差要达 3 m 以上。

8. 用热水时放出的冷水过多

（1）故障现象　在使用太阳能热水器时，需要放很长时间的冷水，才有热水。

（2）故障原因与排除方法

故障原因：热水管道过长。太阳能热水器通常安装在楼顶，到用户出水点都有一定的距离，尤其是冬季，需要放出管路中的冷水后才有热水，如果用户住的楼层靠下，距离出水点较远，管路较长；或卫生间多，管路同样很长，都会使放出的冷水较多，造成浪费和不方便。

排除方法：

① 添加热水管路循环系统。在用水前让管路进行循环，使管路中的冷水进入水箱中。循环系统分为主管路循环和整个管路循环。主管路循环只能把热水管路的主干路进行循环，用水时还需要将支管路的冷水排放掉。整个管路循环是将整个管路系统进行串联形成闭合系统，用水时 5 s 内即可出热水。

② 与电热水器、燃气热水器配合使用。

③ 采用串联厨房热宝或快速热水器的方法。厨房热宝和大功率的快速热水器，价格比较低，将它安装在热水下水的管道中，经过它的热水被加热，然后流到用户的各个用水处。这种方法投入比用水泵少，也比较节约能源，在太阳能热水器与用水处落差比较大，比如 2～4 层楼比较合适。

④ 采用管道加热器的方法。这种方法利用了热水分层的原理：高温的水流向高处，低温的水流向低处。在整个住宅热水管道的最低部装上一个加热元件，就可以形成用户管道冷热水的对流，保证用户一打开水龙头就可以供应热水。这种方法在我国北方采用的较多。其缺点是消耗大，可以采用定时的方法来解决这个问题。加热元件可以是厨房热宝，或是半导体加热元件等。

9. 水箱抽瘪或胀坏

（1）故障现象　在太阳能热水器使用时，出现水箱被吸瘪，挤扁内胆现象。

（2）故障原因与排除方法

故障原因 1：溢流排气管冻堵，热水器用水时出现负压，造成抽瘪。

排除方法：做好排气管的保温工作。

故障原因 2：保温材料等杂物堵塞排气口。因为太阳能热水器水箱的排气孔堵塞，当水进入或排出时，内部空气不能及时排出或得到补充，形成内外压力差，从而造成胀破或抽瘪水箱。

排除方法：安装时，要仔细检查水箱内胆，清理干净。目前生产水箱都配有下置排气口和侧排气口，安装时注意侧排气口尽量不要加装任何装置，北方地区排气管保温时不能将排气管全部包住，在排气管最外部留 2 cm 以上。

故障原因 3：东北天气较冷，排气管容易缓慢结冰致使排气口堵死。某些品牌的太阳能热水器只有一个侧排气孔，而在安装时，往往将侧排气孔接上回水管作为溢流管使用，如果在冬季侧排气孔结冰造成堵塞，就会造成水箱胀破、抽瘪。

排除方法：注意排气管保温，不加装附加装置。

故障原因 4：自行改变原水箱结构，将排气口当成上水口或者在排气口加装辅加装置，导致排气量不足。

排除方法：更换水箱，保证排气口畅通。

10. 水箱排气孔向外溢水

（1）故障现象　给太阳能热水器上水时，水箱上的排气孔向外流水，全部流在水箱外面。太阳能热水器排气管的作用是在上水时，水箱内胆里的空气通过排气管向外排出；在用水时通过排气管将外面的空气吸入水箱内胆，以平衡大气压；在正常集热情况下，产生的高温水沸腾时将水蒸气排出水箱外。以上3 种情况一旦遭到破坏，太阳能热水器就无法正常使用。如果排气管堵塞，上水时会将水箱胀坏；用水时会将水箱抽瘪。

（2）故障原因与排除方法

故障原因 1：水位传感器失灵。对于自动上水型太阳能热水器，若水位传感器失效，不能将正确的水位传给控制器，使自动上水型太阳能热水器不断上水，水箱的水就从排气孔溢出。

排除方法：检修或更换水位传感器。

故障原因 2：室内热水管网中有其他承压设备，如燃气热水器、电热水器等。由于这些承压设备与自来水管路相连，导致热水管网内的水压为自来水水压，使热水管网内的水通过太阳能热水器的热水管返回到屋面太阳能热水器水箱，水满后即从水箱排气孔溢出。

排除方法：上水时，分离其他室内热水管路上的承压设备。

11. 上水时发出异常"呼呼"震动声

（1）故障现象　给太阳能热水器上水时，管路内发出异常"呼呼"声。

（2）故障原因与排除方法

故障原因：引起该故障原因是由于自来水压力过大。当水箱上水快满时，如果水压过大，浮球上下浮动，会出现阀门突然一关一开的情况。当浮球阀突然关闭时，因阀芯突然上提，产生很大的震动，又由于阀芯上提，自来水无法补充而形成空间真空，形成吸气压力，故产生一种异常的"呼呼"震动声。

排除方法：请专业人员加装限流阀。

12. 太阳能热水器在冬季使用过程中，水箱排气管堵塞

（1）故障现象 太阳能热水器在冬季使用过程中，水箱排气管堵塞，水箱变形，下水困难。

（2）故障原因与排除方法

故障原因 1：冬季高寒地区夜晚温度太低，结霜现象不易克服，霜结冰后附着在排气管壁上，达到一定厚度就会堵塞排气管。

排除方法：对排气管采取防冻保温措施。

故障原因 2：排气管的安装不正确，在下雪时，雪花容易积聚到管口形成冻堵，造成水箱排气管冰堵故障。此故障在北方地区连天下雪后容易发生。

排除方法：重新安装排气管。

故障原因 3：用户私自改装，破坏了排气管的通畅。

排除方法：重新安装排气管，保证排气管与大气相通。

故障原因 4：安装人员疏忽，安装完毕没有将排气管塑料护套拆下。

排除方法：拆下排气管塑料护套。

故障原因 5：溢流管使用的是塑料软管，变形后卡扁造成堵塞，冬季管内存水直到三通部位都出现冻堵，使水箱无法排气造成损坏。

排除方法：采用硬质管材的排气管。

13. 电加热器不加热

（1）故障现象 对于采用电加热器的太阳能热水器，按下电加热的开关，电加热器不工作。

（2）故障原因与排除方法

故障原因 1：水位传感器失灵，电加热器烧毁。

这是最常见的故障，起因大部分是水位控制系统故障，太阳能水箱没水，但水位传感器却给出箱内水位符合加热要求的信号，控制器给出电加热的执行动作，控制器电加热端子输出 220 V 的电压，加载到电加热器上，造成电加热器在没水的环境下通电加热。由于没有水作为散热体，电加热器自身温度很快提高，达到近千摄氏度，发热丝很快烧断。尽管很多电加热器生产厂都在加热器内部装有防干烧部件，但作用不大。由于电加热器使用寿命都比较短，也有到一定年限自己烧毁失效的。

排除方法：更换同型号的水位传感器及电加热器。

故障原因 2：控制器失效。

先切断控制器的电源，将控制器接线端的电加热输出端的电加热接线断开，将控制器电源接上，打开控制器电源开关，启动控制器的电加热功能，然后测量控制器电加热输出端电压值，应为 220 V。如果没有电压或电压低于 150 V，说明控制器电加热输出故障；如果电压正常，则说明故障出在下一段——电加热器和导线。

排除方法：更换同型号的控制器。

故障原因 3：电加热器损坏。

判断电加热器是否损坏的方法是用万用表检测系统处在电加热状态时电加热器是否有电流通过，如果有，表明加热系统正常；如果没有，则表明电加热系统有故障。

切断控制器的电源（不能仅关掉控制器的开关），将电加热导线的其中一根与控制器引出的导线脱开，用万用表欧姆（Ω）挡测量电加热器的电阻，7~15 kΩ 为正常。如果电加热器没有电阻或者电阻在 1 kΩ 以上，可以断定电加热器已坏。量完电阻值后，还要将一支表笔与电加热器的外壳接触，测量对地电阻。如果电阻值大于 10 kΩ，可断定电加热器正常；如果电阻值小于 10 kΩ，说明电加热器有问题。

1 200 W 的电加热器内阻为 40 Ω 左右，1 500 W 的为 32 Ω 左右，200 W 的为 24 Ω 左右，3 000 W 的为 16 Ω 左右，4 000 W 的为 12 Ω 左右。

检测控制器的电加热输出接口是否有 220 V 左右的电压，如果没有则断定控制器损坏。如果正常，则可以断定线路问题，应该对线路进行检修。

排除方法：更换同型号的电加热器。

故障原因 4：线路有短路或断路。

如果测量电加热器正常，控制器正常，则可以判断故障在电源线上。导线在电加热这种大电流的情况下内部烧断的情况时有发生。进行检查，找出故障点。

排除方法：排除线路的短路或断路之处，或更换全部导线。

故障原因 5：电加热器的功率过小，升温太慢。

排除方法：更换大功率的电加热器，或是提前加热。

14. 水位、水温显示不准

（1）故障现象　太阳能热水器的水位、水温显示不正常，甚至与实际情况相差很大。

（2）故障原因与排除方法

故障原因 1：水位传感器失效。

目前水位传感器主要是两种，一种是导电式的，一种是浮子式的。导电式传感器由于传感器本身依靠微电流来探测水位，因此在它与水箱之间形成电位差，很容易结垢和腐蚀。浮子式的没有电位差，但如果水的质量不好，泥土会附着在浮子上，造成浮子卡住，不能上下浮动。致使水位显示严重不准或者没有显示。由于错误的传感信号，造成控制器误动作。

排除方法：导电式传感器失效应更换新的传感器。浮子式传感器可以将浮子拆下来清洗干净后继续使用。导电式传感器的使用寿命一般为 1～2 年，不同的水质差别很大，有的几个月就出问题了，有的 3 年以上还好好的。浮子式传感器对水质要求不高，使用寿命一般在 5 年以上，但成本比较高。导电式和浮子式的内部电路是一样的，它们之间是可以互换的。

故障原因 2：水温传感器失效。

由于太阳能水箱一天要经过冷热几次的变化，加上传感器本身有微小的电流传入水中，如果当地的水质不好，虽然传感器的外部是用不锈钢做的，但电位差还是造成传感器杆和螺纹端的腐蚀、穿孔，这样水就进入传感元件接线处，造成传感元件腐蚀断线，或是接线两头产生电阻，改变了传感器的输出值，致使水温显示不准。

将万用表拨在 10～20 kΩ 挡，测量水位水温传感器导线的阻值，其中一对是温度线，另外两条为水位线。温度线的阻值在 5～10 kΩ 可以断定为正常，如超出这个范围则说明温度传感器有故障。

排除方法：更换水温传感器。由于水温传感器与水位传感器是制成一体的，所以，要更换整套水位水温传感器。

故障原因 3：水箱中的水位被冻住，传感器总是显示满水状态。

排除方法：用水箱中的电加热器加热解冻，即可恢复正常水位显示。

故障原因 4：侧置式水位水温传感器与水位口连接处的橡皮圈没有通孔，传感器内空气产生气压，使水位浮子上浮，显示器显示 100％水位。

排除方法：将传感器的橡皮圈拆下，给橡皮圈通孔。

15. 全自动太阳能热水器上不去水

(1) 故障现象　全自动太阳能热水器上水时，无水上到水箱，水位总是显示低水位状态，或者水位显示在满水位状态，但实际上水箱没有水。

(2) 故障原因与排除方法

故障原因 1：电磁阀失效。

检查电磁阀是否失效的步骤如下。

第 1 步：脱开控制器上电磁阀接线端子中的一条导线，启动控制器的进水功能，如图 6-2 用万用表直流 50 V 挡测量控制器上两个电磁阀端子的电压，若电压为 12 V，则表明控制器正常，如果没有电压则说明控制器有故障，如果电压正常则故障可能出在导线、中间继电器和电磁阀上。

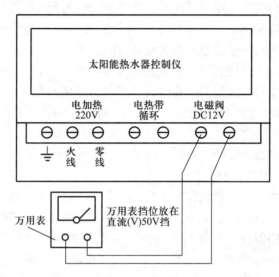

图 6-2 测量电磁阀电压的示意图

第 2 步：脱开电磁阀接线端子上的其中一条导线，用万用表欧姆（Ω）挡测量电磁阀接线端的电阻，测得的阻值在 200 Ω 以上，100 kΩ 以下，为正常。如果偏离太大，或者极大（实际上是断开）则说明电磁阀内部线圈已经断路；如果阻值很小则说明导线短路。以上两种现象说明电磁阀损坏。

第 3 步：脱开导线连接端，用万用表检测是否导通，如有一定的阻值（1 kΩ 以下），则说明导线有问题，应该排查；如果以上检测正常，则说明问题出在电磁阀本身。

第 4 步：如果以上的检测都正常，则应该考虑在导线任何地方通电出现压降、漏电，这些都会使电磁阀不工作，所以还要查看各导线的接头是否接触良好，将接触不良的接头重新接好。

排除方法：更换同型号的电磁阀或导线。

故障原因 2：小型继电器失效。

一般采用 220 V 的电磁阀。这种电磁阀在进水时往往用一般家用太阳能热水器控制器控制进水，有时还要同时控制供水水泵供水。但控制器输出的驱动电磁阀的电压一般是 12 V，这样就需要一个中间小型继电器来辅助，启动 220 V 的电磁阀或者再加上供水水泵。

小型继电器的故障经常出现的是触点烧毁而连在一起。小型继电器是通过线圈吸合簧片来达到通电目的的，由于质量的问题，往往造成吸合线圈碰芯而被磁化，此时动作簧片就被吸住了，造成失效。小型继电器由于外壳是透明的，损坏可以直接从外部看出来，一般不需要用仪表检查。

排除方法：更换同型号的小型继电器。

故障原因 3：水箱通气孔堵塞。

若智能控制器显示水位 100％而实际没有水，可能是通气孔堵塞，使水箱内气体排不出去，造成水上不去。

排除方法：检查通气孔是否堵塞，若堵塞，疏通通气孔。

故障原因 4：冬季时室外管路电伴热带未开启或者电伴热带失效而被冻上，自来水无法进入水箱。

排除方法：开启电伴热带，更换失效的电伴热带。

故障原因 5：水压偏低或者停水。

排除方法：若长期水压偏低，应加装增压泵。

16. 电伴热带频繁启动

（1）故障现象　安装有电伴热带的太阳能热水器，电伴热带频繁启动，但环境温度较高。

（2）故障原因与排除方法

故障原因：如果防冻传感器错误地安装在了电伴热带的上面，就会出现这种现象，这是因为防冻传感器直接感受到了电伴热带的温度，电伴热带发热快，而管道需要一个加热的过程。管道温度还没有升高时，防冻传感器检测到的温度就已经超过 15 ℃了，所以自动停止加热。但是电伴热带的余温很快就被管道吸收，低于 4 ℃以后又自动开始通电加热，如此循环数次以后才能停止。

排除方法：重新正确安装防冻传感器。

17. 太阳能热水器的漏电保护插头跳闸

（1）故障现象　太阳能热水器使用中，漏电保护插头突然跳闸，按下复位键没有电源显示。

（2）故障原因与排除方法

故障原因 1：电伴热带短路漏电。

如果电伴热带出现漏电故障后，控制器会迅速切断电源，停止向电伴热带供电。有以下几种情况会导致漏电跳闸故障：

① 电伴热带盲端和接线端没有按规范要求处理，改用普通电工绝缘胶布代替防水胶带，经过长时间的运行后，由于各种原因盲端和接头处受潮，使绝缘性能下降，引起漏电。

②　电伴热带或与其连接的电源线存在断裂、严重的划伤等故障，遇到水或受潮以后也会出现此种情况。

③　有些劣质电伴热带老化快，性能也不稳定，表现为不发热或局部温度过高等现象；如果长时间使用后很容易造成电伴热带的老化速度加快，甚至会导致着火的事故发生。

排除方法：更换电伴热带。

故障原因 2：电加热器烧坏，产生短路。

排除方法：更换电加热器。

故障原因 3：漏电保护插头故障。

排除方法：维修或更换。

参 考 文 献

包铁链，杨茜 . 太阳热水器管路系统选材及连接方式浅析 ［J］. 太阳能，2011(3)：60 - 64.

迟全勃 . 2011. 新农村太阳能利用能人培训教材 ［M］. 北京：机械工业出版社 .

邓长生 . 2010. 太阳能原理与应用 ［M］. 北京：化学工业出版社 .

方荣生，项立成，李亭寒，等 . 1985. 太阳能应用技术 ［M］. 北京：中国农业机械出版社 .

刘洪诸 . 分体式太阳能热水器现状与技术突破 ［J］. 现代家电，2007(7)：43 - 44.

刘鉴民 . 2010. 太阳能利用原理技术工程 ［M］. 北京：电子出版社 .

罗运俊，李元哲，赵承龙 . 2005. 太阳能热水器原理、制造与施工 ［M］. 北京：化学工业
出版社 .

罗运俊，陶桢 . 2007. 太阳能热水器及系统 ［M］. 北京：化学工业出版社 .

罗运俊，何梓年，王长贵 . 2005. 太阳能利用技术 ［M］. 北京：化学工业出版社 .

王君一，徐任学 . 2008. 太阳能利用技术 ［M］. 北京：金盾出版社 .

王七斤，李崇亮 . 2005. 太阳能应用技术 ［M］. 北京：中国社会出版社 .

王文虎 . 分体式太阳热水器浅谈 ［J］. 技术交流，2005(2)：59 - 60.

王勇名，刘荣厚，边志敏 . 家用太阳能热水器经济效益分析 ［J］. 可再生能源，2005(5)：
55 - 58.

张牧 . 太阳能热水器经济效益分析 ［J］. 云南冶金，1998(2)：68 - 71.

钟水库 . 家用太阳能热水器经济效益的探讨与计算 ［J］. 农村能源，1999(5)：11 - 13.

周志敏，纪爱华 . 2011. 家用太阳能热水器使用与维修 200 问 ［M］. 北京：机械工业出版社 .

邹原东 . 2011. 太阳能利用技术速学快用 ［M］. 北京：化学工业出版社 .

——图书在版编目（CIP）数据

太阳能热水器使用与维修 / 鲁植雄主编 . —北京：
中国农业出版社，2014.1
　　ISBN 978 - 7 - 109 - 18774 - 0

　　Ⅰ.①太…　Ⅱ.①鲁…　Ⅲ.①太阳能水加热器-使用
方法②太阳能水加热器-维修　Ⅳ.①TK515

　　中国版本图书馆 CIP 数据核字（2014）第 000562 号

中国农业出版社出版
（北京市朝阳区农展馆北路 2 号）
（邮政编码 100125）
责任编辑　何致莹

北京中科印刷有限公司印刷　新华书店北京发行所发行
2014 年 3 月第 1 版　2014 年 3 月北京第 1 次印刷

开本：720mm×960mm　1/16　印张：10.25
字数：200 千字
定价：24.00 元
（凡本版图书出现印刷、装订错误，请向出版社发行部调换）